U0737947

MOMMA
AND
THE MEANING
OF LIFE

妈妈及生命的意义

[美] **欧文·亚隆** 著
（Irvin D. Yalom）

庄安祺 译

机械工业出版社
CHINA MACHINE PRESS

图书在版编目（CIP）数据

妈妈及生命的意义 /（美）欧文·亚隆（Irvin D. Yalom）著；庄安祺译 . —北京：机械工业出版社，2017.1（2025.4 重印）

书名原文：Momma and the Meaning of Life

ISBN 978-7-111-55540-7

I. 妈… II. ①欧… ②庄… III. 心理学 – 通俗读物 IV. B84-49

中国版本图书馆 CIP 数据核字（2016）第 282764 号

北京市版权局著作权合同登记 图字：01-2016-0681 号。

妈妈及生命的意义

出版发行：机械工业出版社（北京市西城区百万庄大街 22 号　邮政编码：100037）

责任编辑：董凤凤

责任校对：董纪丽

印　　刷：涿州市京南印刷厂

版　　次：2025 年 4 月第 1 版第 19 次印刷

开　　本：147mm×210mm　1/32

印　　张：7.75

书　　号：ISBN 978-7-111-55540-7

定　　价：59.00 元

客服电话：（010）88361066　68326294

1931 年 6 月 13 日，我出生于美国华盛顿，父母是在第一次世界大战后不久由俄罗斯（靠近波兰边界一个叫西尔兹的小村落）迁来的移民。我的父母在华盛顿市区第一街和西顿街相交的路口开了一家杂货店，我家就在杂货店楼上的公寓。在我小时候，华盛顿还是种族分布泾渭分明的都市，我们家就在贫穷的黑人小区之中，在街上游荡可能会有危险，因此我只能以阅读自娱，每周两次冒险骑脚踏车到中央图书馆借书还书。

没有人在这方面给我任何建议或指引：父母亲不识字，从不读书，而且为谋温饱已经耗尽全部精力。我读的书包罗万象，视图书馆书架排列而定：放在中间的大传记书架最先吸引我的注意，我花了整整一年把它们全部读完。但我在小说里找到另一个更令我满足的天地，它是灵感和智慧的来源。难怪我自幼就养成一种观念：写小说是最棒的事了，迄今我依然抱持这样的想法。

在当时少数族裔社群的心里，年轻人的出路有限，我的同伴不是去上医学院，就是走上和父亲一样从商的路。医学院所学似乎与托尔斯泰和陀思妥耶夫斯基比较近，而我一开始接受医学训练，就打定主意要钻研精神科。精神病学错综复杂，因此我面对每一位病人，都对他们的故事充满好奇。我相信每一个病人都有独特的故事，必须以不同的方式治疗。然而这么多年来，这样的态度却使得我日益远离所谓的精神病学专业，精神病学在经济因素的驱使下，走向完全相反的方向，也就是以病状为主，拔除所有个人因素的诊断方式，一视同仁以标准化的方式做短暂的治疗。

我最初的作品是发表在专业期刊上的科学论述。而我的第一本书《团体心理治疗：理论与实践》已经发行70万本，被用于精神治疗的教科书，译成12种语言，如今出了第4版。此书和后来我的每一本书，都是和"基础文库"（Basic Books）这家出版公司合作的，我们维持了长久而良好的关系。学界称赞我的团体治疗书籍，因为它是基于第一手经验数据而来的，但我猜此书之所以成功，很可能也在于它说的许多故事——文中穿插许多简短故事。20年来，学生都常说本书读起来简直像小说。

接下来还有其他的书——《存在心理治疗》（开风气之先的教科书）、《住院病人之团体治疗》，《面对群体》这份研究专文则已经绝版。接着我为了教导存在治疗，转向文学体写作，在过去这几年里写出了《爱情刽子手》这本治疗故事，还有两本教学小说

《当尼采哭泣》和《诊疗椅上的谎言》，最新的一本就是本书（真实和虚构掺杂的治疗故事）。

虽然我的书广受一般读者欢迎，也经常被当作文学作品受到批评或赞美，但我写这些书的用意，是要把它们当成教学的作品——有教学意味的故事，也是一种新文体——教学小说。每一本书都被译成 15 ~ 20 种语言，发行甚广。例如，《当尼采哭泣》高居以色列畅销书榜达 4 年之久。"基础文库"在 1997 年年底还出版了我的选集，其中除了选自各书的精华之外，还收录了新写的散文。目前我正在写作关于叔本华的小说。

我的妻子玛莉琳是约翰·霍普金斯大学比较文学（法文和德文）博士，在学术界和写作方面都有杰出表现（最新的作品是《乳房的历史》）。我的 4 个子女全都住在旧金山湾区，各有不同的专业：医学、摄影、写作、剧场导演、临床心理学。现有 5 个孙子女。

目　录

"赖许医师，就是因为这样我才想放弃。世上根本没有好男
人……

"告诉我，哈斯顿，你为什么想要停止治疗？我们才刚开始而已……

第一章　妈妈及生命的意义

幽暗。或许我快要死了。妖魔鬼怪纠缠着我，心脏监视器、氧气筒、点滴、七缠八绕的塑料管，这全都是死亡的征象。我闭上双眼，滑入黑暗。

但接着，我由床上一跃而起，冲出病房，闯进阳光灿烂的葛兰艾可游乐园，几十年前，我曾在这里度过许多夏日的星期天。我听见旋转木马的音乐，闻到黏腻爆米花和苹果的甜香。我一直向前走，并没有在雪糕摊、云霄飞车或摩天轮前迟疑驻足，一直朝着鬼屋票亭前的人龙而去。付了票款，我等着下一列缆车由角落转来，轰隆轰隆在我面前停住。坐上去之后，我放下安全杆，把自己牢牢锁在里头，再朝周遭望一眼。那里，在一小群围观者中，我看到了她。

我挥舞双臂，拼命喊叫，声音大到人人都听得见："妈妈！妈妈！"就在这一刻，缆车一个跟跄向前移动，撞上鬼屋的旋转门，门立即张开大口，露出黑暗的深渊。我尽量朝后靠，在被黑暗吞噬以前再度大喊："妈妈！我表现得怎么样？妈妈？我表现得怎么样？"

我从枕头上爬起身来，想把梦境甩掉，即使在这时，这些字眼依旧卡在我的喉头："妈妈！我表现得怎么样？妈妈？我表现得怎么样？"

然而妈妈已经入土六尺，葬在华盛顿郊区安纳柯斯夏墓地的松木棺中已经十年了，尸骨已寒。她还剩下什么？我猜只有骨骸了。微生物显然已经销蚀了她每一寸的肉身，或许还留下几缕黑发，或许还有几块发着幽光的软骨还黏附在大块的骨头上——大腿骨和胫骨。哦，对了，还有戒指。在骨灰的某处必定留着父亲买给她的银细丝婚戒，那是当年他们坐统舱由半个地球以外的俄罗斯抵达纽约之后不久，父亲在海斯特街买的。

是的，很久以前了。已经十年了，她已经驾鹤西归，肉身也都腐化了。只剩下头发、软骨、骨骸和一枚银婚戒。然而她的音容依然埋藏在我的回忆和梦里。

为什么我在梦里向妈妈招手？多年来我已经不再招手了，多少年？说不定有数十年。或许就是半个世纪前那个下午，她带着八岁的我上父亲店铺转角的西尔文影院看电影那次。虽然影院里还有很多空位，她却一屁股就坐在比我大一岁的街头小霸王旁边，"太太，那个位子有人坐。"他咆哮道。

"哦，有人坐了！"我母亲一边轻蔑地说，一边调整姿势，"他还占位子呢，这位大人物！"她向周遭的人这么宣布。我尽量缩进红褐色的天鹅绒椅垫里。稍后，在灯光已熄的影院中，我鼓足勇气张目四顾。他就坐在那里，几排后面他朋友的身旁。没错，他们正瞪着我，还用手指指点点，其中一个握起拳头，装模作样地说："等着瞧！"妈妈毁了我的西尔文影院，现在那里成了敌人领地，是我的禁地，至少在光天化日之下是如此。如果我想要看周六的电影——太空英雄、蝙蝠侠、青蜂侠，就得在影片开演之后蹑手蹑脚地进去，在黑暗中摸到戏院最后一排的位子，越靠近逃生门越好，而且要在灯光打亮之前赶紧溜走。在我家附近，什么都比不上逃过被扁的噩运重要。挨揍不难想象：顶多给你下巴来上一拳就了事，打你耳光、飞脚踢人也都差不多，但被打得鼻青眼肿，我的老天爷。你还剩什么？你已经完蛋，永远被贴上"被海扁"的标签。

向妈妈招手？为什么我会招手？年复一年，我和她虽朝夕相处，却相互憎恨的朝夕相处之后？她虚荣、一意孤行、爱管闲事、疑心、满怀敌意、抱持强烈偏见和不可理喻的无知（然而就算我也不得不承认她很聪明）。我从来不记得曾和她共度温馨的时刻，也从不以她为我的母亲为傲，我从没有过"有她做我妈妈我真高兴"的念头。她是个刻薄的人，对任何人都有刻薄的批评，只除了对我父亲和姐姐之外。

我爱汉娜姑姑，她是我父亲的妹妹：我爱她的甜美、温暖，她的烤热狗夹在脆脆的香肠片里，她的卷面饼无人能出其右（但我弄丢了食谱，而她的儿子又不肯再给我一份，此事说来话长）。我最爱周日的汉娜姑姑，那天她的熟食铺休息，她会免费让我玩弹球机达数小时。我总是把小团的纸片塞在弹球机的前脚下，减缓珠子落下的速度，以求获得更高的分数，她也从不会阻止。我对汉娜姑姑的赞美和崇拜令妈妈怒不可遏，她对汉娜姑姑做了连珠炮似的恶毒攻击：汉娜的贫穷、她对店员工作的厌恶、她的缺乏生意眼光、她那老土丈夫、她的缺乏自尊，只知伸手接受别人给的一切。

妈妈的言辞令人无法忍受。她的英文有很重的口音，还夹杂着许多意第绪的词语。她从没来我的学校参加过家长会，真是谢天谢地！一想到把她介绍给我的同学，我就不禁汗毛直竖。我和妈妈斗争、反抗她、向她大吼大叫、逃避她，最后，在青春期中期，我干脆不再和她说话。

我童年时期最想不通的就是，爸爸怎么能忍受她？我还记得周日上午的幸福时刻，他边和我下棋，边随着唱片哼俄罗斯或犹太歌曲，头还随着旋律摇摆，但迟早这愉快的气氛会被妈妈从楼上传来的刺耳声浪打断："吉佛特，吉佛特，够了！Vasyizmir，唱够了，噪声够了！"爸爸会一言不发地起身关掉留声机，在沉默中继续和我下棋。我祈祷了多少次，爸爸，求求你，只要一次就好，打倒她！

因此，为什么招手？为什么在我生命的最后还要问："我表现得怎么样？妈妈？"难道——这样的可能让我感到惊恐，难道我的一生都以这名可悲的妇人为主要观众？终我一生，我都想要逃离、躲开我的过去——犹太小村庄、统舱、犹太区、犹太教徒祈祷时披的大方巾、黑色的犹太长袍和杂货店。终我一生，我都追求解放和成长。难道我既没有逃脱我的过去，亦未摆脱母亲？

我多么嫉妒父母亲慈爱、慷慨、和蔼的朋友。然而他们却很少想到他们的母亲，既不常打电话问候，也很少探望、梦到甚至想到她们。而我却每天都得一再地把母亲的身影从心中洗涤除尽，甚至连现在，她死后十年，还经常出于反射拿起电话想打给她。

在理智上，我能了解这一切。我曾就这个现象做过演讲，向病人解释受虐儿童常觉得很难摆脱病态家庭的阴影，而慈爱父母教养下成长的孩子往往没有这方面的困难。毕竟，好父母的天职不是让羽翼已丰的孩子顺利离家吗？

我明白这点，但我不喜欢它。我不喜欢母亲每天来看我，我恨她悄悄溜进我心中的缝隙，使我无法把她连根拔起。最重要的，我恨在我生命之终，却不得不问："我表现得怎么样？妈妈？"

我想到她位于华盛顿养老院中塞得满满的椅子，这张椅子挡住了她房间的入口，椅旁的小桌上陈列着我所写的每一本书，每种至少一本，多则好几本。十来本书再加上另外二十几本外文译本，成排地堆放着，摇摇欲坠。我经常想，只要来一场中级地震，就足以把她淹没在她独子的著作下。

我每次去看她，她都一动也不动地坐在椅子上，膝上放着两三本我的作品。她掂量它们的重量、闻它们、抚触它们，一切的一切，就是不读它们。她的眼睛已经快瞎了，但就算她能看见，也不可能理解书中的内容：她受的唯一教育就是要归化成美国公民前上的归化课。

我是个作家，而母亲却不识字。然而我依旧向她追求毕生作品的意义。她怎么评估我的著作？靠气味？还是纯凭书的重量？封面设计？抑或书皮光滑如铁弗龙般的触感？我费尽心血的研究、灵光一现的启发、上穷碧落下黄泉才得来的优雅文句……她永远不明白这些。

人生的意义？我的人生意义？堆在母亲案头摇摇欲坠的那些书里，就包含了我对这些问题自命不凡的回答。"我们都是追求意义的生物，"我写道，"必须面对被抛入无意义宇宙的困境。"接着我解释，为了避免虚无主义，我们必须有两个使命：第一个使命是发明或发现生命意义的计划，让我们足以为它奉献一生；第二个是努力忘却前方才发明的行为，说服自己并不是发明而是发现了生命意义的计划，它原先就独立发生在"存在"之外。

虽然我佯装接受每一个人对生命的意义的解答，不做判断，但其实却偷偷地把它们分为铜、银和金三层。有些人一生都执着于报复式的胜利；有些人则在绝望的束缚下，只能梦想和平、超越和免于苦痛的自由；有些人为了成功、富足、力量和真理而奉献生命；也有些人追求自我超越，为某种信念或其他生命，比如所爱或神祇倾其所有；另外也有人在奉献、自我实践或创意表达中，找到生命的意义。

尼采说，我们需要艺术，以免因真相而死亡，因此我认为创造力是黄金之道，转变了我全部的生命、所有的经验、整个的思想，化为心灵的沃土，让我不时能由其中塑造美丽新事物。

然而我的梦却透露了另一层看法，它指出我的一生都在追求另一个目标——争取已逝母亲的认同赞许。

这个梦的控诉具有无可忽视的强大力量，令人心头澎湃难以释怀。然而我明白，梦并非不可理解无法驯服，终我一生，我都是解梦人，我早已学会如何把它拆解组合，如何挤出梦里的秘密。

因此，我任头坠回枕上，任思绪飘浮，重新把梦的发条转回鬼屋的缆车座位上。

缆车突然停住，让我撞上安全杆。过了一会儿，它逆向行驶，缓缓退回旋转门，再度浮出阳光灿烂的葛兰艾可游乐园。

"妈妈，妈妈！"我双手挥舞呐喊，"我表现得怎么样？"

她听到我了。我看到她左推右挤，穿过人群："欧文，你这算什么问题啊。"她边说边解开安全杆，把我拉出缆车。

我看着她，她约莫五六十岁，矮胖结实，毫不费力地拎着鼓鼓的木柄绣花手提袋。她长相平庸，但却不自知，走路时抬头挺胸，一副自以为漂亮的模样。我注意到她上臂垂下来的赘肉，她的长袜松了，堆在膝盖上方。她给了我湿湿的一个吻，我也假装回应。

"你表现得很好。还有谁能奢求更多？这些书，你真让我骄傲。要是你爸爸能看得到就好了。"

"你说我表现得很好是什么意思？你怎么知道？你又不会看我写的，我是说，你的视力不好。"

"我知道就是知道。看看那些书。"她打开手提袋，拿出我的两本作品，温柔地抚摸它们："好厚的书，好漂亮的书。"

我因为她的举动而感到焦躁："书里的内容才重要，或许它里头只是一些废话。"

"欧文，不要说蠢话。多漂亮的书！"

"妈，你一直带着这些书？甚至在游乐园里？你简直把它们供起来了。难道你不觉得——"

"大家都认识你，全世界。我的美发师告诉我说，她女儿在学校研读你的书。"

"你的美发师？是的，期末考吗？"

7

"每一个人，我告诉了每一个人。为什么不？"

"妈妈，难道你没别的事可做？何不与你的朋友共度周末？汉娜、葛蒂、鲁芭、桃乐西、山姆或是赛门舅舅？你在葛兰艾可游乐园这里做什么？"

"我在这里让你丢脸吗？你总是难为情。不然我该去哪里呢？"

"我只是说我们俩都已经成年了。我已经 60 多岁了，或许我们该各有各的梦了。"

"我总是让你丢脸。"

"我可没这么说，你没有在听我说话。"

"总是觉得我老糊涂，总是以为我什么都不懂。"

"我没那么说，我总是说你不可能什么都懂，只是你——只是你——"

"我怎么样？说啊，是你先开头的，说下去，我知道你要说什么。"

"我要说什么？"

"不，欧文，要由你说出来。若是我说，你就会改我的话。"

"只是你不听我在说什么，只是你大谈自己不懂的事情。"

"听你？我不听你？告诉我，欧文，你听了我的话吗？你了解我吗？"

"你说得对，妈妈。我们两个人都没有好好听对方说话。"

"我可不是，欧文，我听得很好。每天晚上我由店里回来都只听到一片静寂，你根本懒得由书房上楼来看看我，甚至连招呼都不曾打。你从没问过我今天工作辛不辛苦。如果你根本不和我说话，我怎么可能聆听你呢？"

"有东西挡住我；我们之间有高墙阻隔。"

"墙？这样向你的母亲说话！墙，难道是我砌的？"

"我没有这样说。我只是说有墙阻隔而已。我知道我碰到你就退缩，为什么？我怎么记得？那是 50 年前的事了，妈妈，但不论你对我说什么，我都觉得是责备。"

"什么？责备？"

"我的意思是批评。我得避开你的批评。这些年来我总觉得自己已经够差劲了，不想再听到批评。"

"你有什么好觉得差劲的？这些年来，你爸爸和我在店里辛苦都是为了要让你读书。我们一直忙到三更半夜。有多少次你打电话到店里来要我帮你带东西回家？铅笔啦、纸啦，记得艾尔吗？在烟酒零售店工作，有一次遭抢劫脸被割伤的那个艾尔？"

"当然记得，妈妈，他的疤一直到鼻子前面。"

"艾尔接电话，总是从拥挤不堪的店那头大喊：'是国王！国王打电话来了！让国王自己去买铅笔，让他练习练习。'艾尔是嫉妒，他的父母什么也没给他。我从不理睬他说的话，但他是对的，我把你捧在掌心就像对国王一样。只要你打电话来，不论早晚，我都会留下你爸爸应付一整屋子的顾客，跑过整条街去帮你买。邮票也是，还有笔记本、墨水、原子笔。你的衣服全都染上墨水了。你就像国王一样，我哪有批评你。"

"妈妈，我们现在终于沟通了，这很好，我们不要互相指责，让我们互相了解。我只是说，我觉得自己好像受到批评一样。我知道你对别人总是称赞我，你向旁人夸我，只是从不告诉我，从不当我的面夸我。"

"那时很难和你说话，欧文，不只是对我，对任何人你都这个样子。你什么都知道，你博学多闻，或许大家都有点怕你，或许我也是如此。谁知道呢？但让我告诉你，欧文，我受的罪比你还多。首先，你也从没对我好言好语。我为你煮饭，你吃我煮的饭 20 年了，我知道你爱吃，我怎么知道的？因为盘子和碗总是干干净净的，可是你从没有称赞一句，这么多年来一次也没有。有过吗？"

我惭愧地低下头。

"第二，我知道你在我背后也从没说过我的好话，至少我有说过你的好话，欧文，你知道我向旁人夸过你，但我知道你总以我为耻，不论人前人后。怕我的英语、我的口音，怕我所不懂的一切，怕我说错话会丢你的脸。我听过你和朋友取笑我——茱莉、雪莉、杰瑞。我什么都知道。"

我的头更低了："你什么都知道，妈。"

"我怎么看得懂你书里的东西？要是我有机会，要是我上过学，我能懂得更多！在俄罗斯，在乡下小村，我不能上学，只有男生能。"

"我知道，妈，我知道。我知道要是你有机会，在学业上的表现一定能像我一样好。"

"我和爸妈一起下了船，那时才 20 岁。一周有 6 天、每天 12 个小时都得在缝纫厂工作，从早上 7 点到晚上 7 点，有时到 8 点。工作前两小时，清晨 5 点，我还得陪爸爸走到地铁旁的书报摊，帮他拆报纸。我的兄弟从没帮过忙，赛门去上会计师学校，海米则去开出租车，从没有回过家，也从没有寄钱来。然后我嫁给你爸爸，搬到华盛顿，一直到老，每天都在店里和他一起工作 12 个小时，还得理家煮饭。接着我生了琴，她从没给我惹一分钟的麻烦，接着是你，你却麻烦多多。我一年忙到头，看看我！你知道！你总是看到我忙上忙下的，我有撒谎吗？"

"妈，我知道。"

"这些年来，在布芭和塞达生前，我也一直负担他们。他们一穷二白，只有我父亲摆报摊赚来的那几个硬币。后来我们帮他开了一家糖果铺，但他不能工作，他得祈祷。你还记得塞达吧？"

我点点头。"模糊记得，妈。"我那时大概四五岁，布朗克斯一座酸臭味的廉价建筑……把面包屑和锡纸球丢下五层楼给后院里的鸡吃……外公一身黑，再加上又高又黑的圆顶小帽，白色蓬松的大胡子，沾着肉汁，手臂和前额包着黑色的绳子，喃喃念着祷词。我们没办法交谈，他只说意第绪语，但他用力地捏我的脸颊。其他所有的人——布芭、妈妈、丽娜阿姨，全都在工作，整天在通往店里的楼梯跑上跑下、开箱、打包，烹饪、清扫鸡毛、刮鱼鳞、打扫。但塞达却连指头也不动。他只坐在那里读书，就像国王一样。

"每个月，"妈妈继续说，"我都搭火车到纽约去，送食物和钱给他们。后来布芭进了疗养院，也是我出钱，每两周去探望她一次——你记得，有时我会带你搭火车去。家里还有谁会管？没有人！你那赛门舅舅每隔几个月才会去看她一次，带一瓶七喜给她，等我下一次去的时候，只会听到她一直说你赛门舅舅的七喜多棒。甚至她失明之后，还躺在那里，抱着空空的七喜瓶子。我还不止帮助布芭，家里所有的人——我的兄弟赛门和海米，还有丽娜、你的汉娜姑姑、我从俄国带来的艾比舅舅，全家全是靠着那片肮脏的小杂货铺过来的。没有人帮过我，从来没有！从来没有人感谢我。"

我深深吸了口气，吐出这几个字："谢谢你，妈，谢谢你。"

这并不很困难，为什么花了 50 年的时间才说出口？我拉住她的手，可能是毕生首次。感觉柔软又温暖，就像烘焙前的面团一样。"我记得你曾向琴和我说过赛门舅舅的七喜，一定让你很难过。"

"难过？还用说。有时候她喝他的七喜配我的面饼。你知道做面饼多麻烦，而她却只谈七喜。"

"谈谈真好，妈，这是第一次，或许我一直想要和你谈谈，因此你总是在我心里，在我梦中。或许现在一切会不同了。"

"怎么不同？"

"我比较能做我自己，为我所选择的理想和目标奋斗。"

"你想要赶走我？"

"不是——不是那么说，我不是恶意。我希望对你也是如此，我希望你能够休息。"

"休息？你几时见过我休息？你爸爸每天都午睡，你可曾见过我午睡？"

"我的意思是你应该有自己生活的目的，而不是这个。"我掰开她的手提袋，"不是我的书！而我也该有自己的目标。"

"但我刚刚解释过，"她答道，边把手提袋换到另一只手，离开我远一点，"那些不只是你的书，也是我的书。"

她的手臂突然变冷了，我放开它。

"你什么意思？"她继续说，"我该有我的目标？这些书就是我的目标。我为你辛劳，也为它们。我毕生都是为这些书辛劳——我的书。"她把手伸进袋子里，再拿出两本。我畏缩起来，生怕她会把这些书举给已经聚在我们身旁的一小群旁观者看。

"但是你不懂我的意思，妈，我们得分开，不要相互束缚，才能成为完整的人。这正是我这些书里的内容，也是我希望我的子女——所有的子女过的生活——不受束缚。"

"不受束缚？"

"不是，不是，是不受束缚——无拘无束。我还说不清楚，妈，这样说好了：世界上每一个人基本上都是孤独的，这虽然很残酷，却是事实，我们得面对它。因此，我希望有我自己的思想和梦想，你也该有你自己的。妈妈，我希望你不要再萦绕在我梦里。"

她的脸孔紧绷起来，退后几步，我急忙加上："不是因为我不喜欢你，而是因为我希望这对我们俩都好，对我和对你。你应该在人生中有自己的梦想，当然你能了解这点。"

"欧文，你依然以为我什么都不懂而你什么都懂。但我也看透人生和死亡。我比你更了解死亡。相信我，而且我也了解孤独，远甚于你。"

"但是妈，你并没有面对孤独，你和我待在一起，并没有离开我。你在我的思绪中漫游，在我梦里。"

"没有，爱儿。"

"爱儿"，我已经有50年没听到这个称呼了，几乎忘记她和爸爸以前经常这样叫我。

"事情不是像你想的那样，爱儿，"她继续说，"有些事你不懂，有些事你颠倒黑白。你知道那个梦，我站在人群里，看着你在卡座上向我挥手大喊，问我你在人生中表现得如何的那个梦？"

"我当然记得我的梦啊，妈。这就是一切的源起。"

"你的梦？那是我想向你说的，那是个错误，欧文——你以为我在你的梦里。那不是你的梦，爱儿，那是我的梦。做妈妈的也有她们自己的梦。"

第二章　与葆拉共舞

　　身为医学系的学生，老师教我们望、闻、问、切的艺术。我检视深红色的喉咙、鼓胀的耳膜和网膜上错综复杂的动脉血管；我聆听心脏的僧帽瓣嘶嘶作响、小肠如低音喇叭的流动声、肺部的杂音；我触摸脾和肝脏平滑的边缘、紧绷的卵巢囊肿以及冷硬的前列腺肿瘤。

　　对于病人的了解，这正是医学院所教的内容，但向病人学习，这种更高深的教育却更晚才获启蒙。或许最先是由我的教授怀特何恩（John Whitehorn）所传授，他总说："聆听病人，让他们教导你。要保住你的智慧，必须永远做学生。"他的意思不仅是懂得聆听能让你对病人了解更多，他是希望我们以病人为师。

　　怀特何恩闪闪发亮的头上悉心剪妥的新月形灰发总是梳得整整齐齐，这位规规矩矩、一丝不苟、彬彬有礼的名师30年来一直担任约翰霍普金斯大学精神病学系的主任。他戴着金丝边眼镜，毫无多余的装饰——脸上没有一条皱纹，一年到头穿着的棕色西装（我们猜想他衣橱里一定有两三套一模一样的西装以便更换）没有一丝褶皱。他也没有多余的表情：讲课时他只动嘴唇，其他一切——不论是手、脸颊或眉毛，都保持不动。

在我担任第三年精神科住院医师时，每周四下午，就有五名同学和我一起跟随怀特何恩医师看诊。我们先在他用橡木装潢的办公室用午餐，菜色简单，而且总是一成不变——鲔鱼三明治、冷盘和冷的蟹饼，接着是水果色拉和乏味的胡桃派。不过用餐的方式却很讲究：麻织桌布、闪闪发亮的银托盘和骨瓷餐具。午餐时的对话轻松而冗长，虽然我们每一个都有电话要回，有病人等着照顾，怀特何恩医师却总是慢条斯理，最后甚至连我，全组最匆忙的一个，也学会让时间等待。在这两个小时中，我们可以向教授提任何问题：我还记得问过他妄想症的源起、医师对自杀病人的责任以及治疗和宿命之间的冲突这些问题，虽然他仔细地回答，但显然却偏爱其他的话题：波斯弓箭手的准度、希腊和西班牙大理石的特性比较、盖茨堡之役的重大失策以及他发明改进的化学元素周期表（他原先是化学系的学生）。

午餐后，怀特何恩在办公室里为四五名病人看诊，我们则安静地在一旁观看。他看诊的时间很难预估，有些 15 分钟就结束，有些则持续两三个小时。我记得最清楚的是夏日在又凉又幽暗的办公室里，橙绿条纹的窗帘隔绝了巴尔的摩炙热的太阳，窗外攀藤植物绽放了蓬松的花朵。由角窗上望出去，正巧可看到医院员工专用的网球场。喔，那时我多渴望上场打球！一心一意都在梦想发出 ACE 球，或是挥拍上网，然而网球场上日影越来越长，一直到薄暮吞噬了网球场上的余光，我才死心，把注意力移回怀特何恩医师的问诊上。

他的步调轻松，有的是时间。再没有比病人的职业和兴趣更能吸引他的了。上一周他还在鼓励南美果农大谈特谈咖啡树，下一周则是和历史教授讨论西班牙无敌舰队（1588 年企图侵略英国反遭击灭）的挫败。他问得巨细靡遗，让你以为他这样做的目的是要明白种植高度和咖啡豆质量的关联，或是发现无敌舰队幕后的政治动机。他如此巧妙地切入私人的领域，即使一心提防的偏执病人也不由地畅谈自己的心路历程，总令我吃惊叹服。

怀特何恩医师借着让病人为师，和病人的"人"而非"病情"建立起关系，他的做法不但提升了病人的自信，也让病人更愿意倾诉心声。

也许你会说他的问诊手腕高明，但这么说可不公平。怀特何恩医师真的希望病人能把他看成是一位收集者，多年来累积了惊人的宝物。他说："如果你能让病人多谈他们的人生和兴趣，那么就能和病人双赢。多了解病人的生活，不但能让你得到教诲，也能获得关于他们病情的一切资料。"

15 年后，即 20 世纪 70 年代初期，怀特何恩医师已经去世，我也跻身精神病学教授之林，却有一位罹患末期乳癌名叫葆拉的妇女进入我的生命，继续教育我。虽然我当时还不明白，她也从未提过，但我却相信从一开始，她就肩负了教化我的使命。

葆拉在肿瘤科听社工人员说我有意组成绝症病人治疗团体之后，就打电话来。她第一次踏进我的办公室，我就立刻被她的外表吸引：她尊严的仪态、灿烂的笑容、一头如男孩般剪得短短的闪闪发亮的白发，以及她湛蓝、智慧的双眼中熠熠生辉的光彩。

她一开口就不由得让人注意："我是葆拉·韦斯特，罹患末期癌症，但我并非癌症病人。"的确，在我和她共度的这么多年人生历程中，我从没有把她当成病人。她言简意赅地说明她的病史：五年前发现乳房肿瘤，开刀切除，接着另一只乳房也生了肿瘤，也切除了。紧跟着是化学治疗和随之而来的副作用：恶心、呕吐、头发掉光，接着是放射治疗，人体可以承受的最大剂量。然而这一切都未能阻止癌细胞扩散的速度——头骨、脊椎、眼眶。肿瘤细胞侵蚀她的五脏六腑，虽然她已经手术切除乳房、淋巴结、卵巢、肾上腺，癌细胞依然恶性蔓延。

想象葆拉的身体，必然是满布伤疤的胸膛，没有乳房、肌肉，就像发生船难的大帆船一样，空留骨架。在她的胸膛之下，腹部处处是手术疤痕，全靠着因注射类固醇而肥厚的笨重臀部支撑。简言之，这是个年届55岁而没有乳房、肾上腺、子宫、卵巢，而且我相信也丧失了生命力的女人。

我欣赏的是身材坚实优美、丰胸性感的女人，但第一次看见葆拉，却发生了奇事：我觉得她很美，而且爱上了她。

我们议定每周不定期会面一次，或许有人以为这算是"心理治疗"，因为我把她的名字列入门诊名单，而在会面的50分钟里，她也的确坐在病人的椅子上。但其实我们的角色很混淆，比如我们从没有谈过费用的问题。从一开始我就知道这并非一般的问诊，也不想在她面前谈钱，那太庸俗了。不只金钱，还有其他如性行为、婚姻或社交关系等这类事，都在杜绝之列。

生命、死亡、性灵、和平、超然的存在，这些才是我们讨论的课题，也是葆拉唯一在意的事。我们多半是谈死亡。每周我们四个（而非两人）在我的办公室会面——葆拉和我，她的死亡和我的死亡。她成为我的死亡姬妾：把死亡介绍给我，教我该如何看待它，甚至和它做朋友。我渐渐明白死亡虽然声名狼藉，虽然不能带来欢乐，但它并不是把我们拖进无以名状恐怖境地的恶魔。我学会揭开死亡的神秘面纱，看待它的真面目，这是个事件，是人生的一部分，也是所有可能的终结。葆拉说："这是个中性事件，但我们却一直用恐惧来渲染它。"

每一周葆拉都翩然来到我的办公室，带着我所喜爱的明灿微笑，把手伸进大草袋中，拿出日记放在膝上，和我分享她过去一周的反省和梦想。我仔细聆听，努力做出适当的回答。每当我说出不知自己对她是否有助益的疑问，她都露出迷惑的表情，接着在凝思片刻之后，再度绽放微笑，好像给我保证一样，再回头谈她的日记。

我们一起回顾了她和癌症全程的接触：最先的惊吓和不敢置信、肢体的摧残、逐渐的接受，到最后习惯告诉旁人："我患了癌症。"她述说丈夫无微不至的关怀和朋友的支持。这点倒不难理解：大概没有人会不爱葆拉。（当然我从没有向葆拉告白，直到许久以后，她不复相信我之时。）

接着她叙述癌症复发的那段可怕时光。那是她的骷髅地（耶稣被钉十字架之处），她经历了所有癌症复发病人所扛的十字架：放射治疗室，室内上方悬着世界末日的金属眼球、冷漠无情的技术人员、不安的朋友、漠不关心的医师，而最叫她受不了的，就是无所不在的刻意的隐瞒。她打电话给外科医师，也是她20年来

19

的至交，结果只有护士告诉她不必再来挂号了，因为医师已经无能为力。谈到此她不禁潸然泪下。"医师是怎么了？为什么他们不了解，只要他们现身，就是对病人莫大的安慰？"她问道："为什么他们不了解，就是在他们束手无策的那一刻，才是病人最需要他们的时候？"

葆拉告诉我，得知自己走向死亡的恐怖，随着其他人的退缩而与日俱增。濒死病人的疏离感随着其他人强颜欢笑想隐瞒死的逼近而更加强烈。然而死亡是掩饰不了的，迹象无所不在：护士压低声音说话，医师老是看错病灶位置，实习生蹑手蹑脚地走进病房，家人视死如归的勇敢笑容，以及访客的强作欢颜。一名癌症病人曾告诉我，她知道自己死期已近，因为平时检查完总是轻拍她臀部的医师，这一次却和她握手道别。

除了死亡之外，我们也害怕伴随死亡而来的孤绝无援。我们毕生都想找伴共度人生，却必须孑然一身面临死亡。生者规避濒死的人预示了最后必然的遗弃。葆拉告诉我，濒死者的疏离来自两个方面，病人自绝于生者，不想吐露她的恐惧和可怕的念头，以免拖累家人朋友。而朋友则却步不前，觉得自己帮不上忙，手足无措，也不情愿太接近，以免预见自己不免也会经历的过程。

不过葆拉如今已不再孤立，至少一直有我支持她。纵使其他人遗弃葆拉，我也不会这么做。然而我却不知道未来她会视我为不认主的彼得，不认她不止一次，而是许多次。

她无法以适当的言词来描述这段疏离期间的痛苦，只能称之为"客西马尼花园"（基督被犹大出卖而被捕之地）。她曾带来女儿所画的石版画，图上有几个人正用石头抛击圣徒，圣徒是个蹲伏在地下的瘦小女人，她脆弱的双手无力保护自己。这张画如今悬在我的办公室里，每当我看到它，就想到葆拉说："我就是那个女人，面对他人的攻击脆弱无援。"

后来是一位牧师助她脱离了这段时期，他指点她："知道'为什么'的人，就能忍受'怎么会这样'，癌症就是你的十字架，磨难就是你的圣职。"

这个启示改变了一切。在她描述她接纳自己的圣职，致力于缓解其他癌症病患的折磨时，我开始了解自己的角色：不是我在帮助她，而是她在帮助我，我才是她圣职的对象。我可以帮得上忙，但并不是透过支持、解释或是关怀、忠实，我要扮演的角色就是让她教育我。

来日不多的癌症病人可能经历"黄金时期"吗？葆拉做到了。是她教导我：坦然面对死亡可以让人以更丰富、更满足的方式体验人生。当时我很怀疑，觉得所谓的"黄金时期"是她一贯的夸张说法。"黄金时期？真的吗？葆拉，死亡哪有什么黄金可言？"

葆拉斥责我："这是哪门子问题！所谓黄金时期并不是死亡，而是在面对死亡时把生命发挥得淋漓尽致。想想最后的时光多么深刻和宝贵：最后的春天，最后一次蒲公英茸毛的飞舞，最后一次紫藤花的飘零。"

葆拉接着说："黄金时期也是伟大的解放时期，是你可以向所有琐事小节说不的时刻，让你自己全神贯注在你最关怀的一切——好友齐集一堂，四时的变换，海水的起伏。"她对医界死亡学大师库布洛－罗丝（Elizabeth Kulber-Ross）颇为不屑。罗丝未能体认黄金时期的可贵，反而把死亡归为几个消极的临床阶段：

愤怒、否定、讨价还价、沮丧和接受，这种想法总让她生气。她认为这样僵化的情感反应区分只会剥夺病人和医师的人性，我相信她是对的。

葆拉的黄金时期是热烈的个人探索时期：她曾梦到在广大的厅堂漫游，梦中家里出现从未使用过的新房间。这段时间也是她准备的时期：她梦到自己由地下室到阁楼大扫除，也梦到重新整理柜子和衣橱。她也为先生做准备，例如有时她很想外出购物，为家人准备餐点，但却刻意压抑这样的念头，以便训练丈夫自立。有一次她告诉我，她先生第一次提到等"我"而非"我们"退休，令她很骄傲。这种时候我总睁大眼睛不敢置信。这样的美德真的存在于小说世界之外吗？精神病学的教科书上很少讨论"善良"的性格，只说这是对抗恶意冲动的一种防御。一开始我询问她的动机，并且旁敲侧击想找出漏洞，但最后我相信她的诚意，也让自己沐浴在她的光辉里。

葆拉觉得，准备死亡不但必要，而且需要非常专注。她知道自己的癌细胞扩散到脊髓之后，写了一封告别信给13岁的儿子，连我都不禁感动泪下。在最后一段，她告诉儿子说，胎儿的肺并不会呼吸，眼睛也不能视物，因此胎儿准备降生到它无法想象的世界，葆拉说："我们不也是在准备降生到超越我们世界，甚至凌驾于我们想象之上的世界吗？"

我对宗教信仰总是很困惑。自有记忆以来，我总觉得宗教其实就是为了安抚人心、纾解焦虑而发展出来的。在我十二三岁时，有一天在父亲的杂货店里帮忙，和一名参加过第二次世界大战的军人谈到我对上帝存在与否的怀疑，这名士兵刚由欧洲前线返国，他听了我的话，掏出一张皱巴巴的圣母和耶稣画像，他曾带着这张画经历诺曼底登陆。"翻过来，读读背后，大声读。"

"战壕没有无神论者。"我读道。

"对，战壕里没有无神论者。"他缓缓复诵，"不论是基督徒的上帝，犹太人的上帝，中国人的神，还是其他的神……一定都得有神，我们不能没有神。"

这个陌生人把那张圣母画像给我，皱巴巴的画像令我着迷不已。它已经经历诺曼底和天晓得还有多少战役。或许这是个预兆，象征神终于找到了我。我把它放在皮夹里两年，不时抽出来思索。有一天我问道："就算战壕里没有无神论者，又怎么样呢？就算如此，也只是更说明了信仰随恐惧而生。我们需要也想要有神，但光是期待并不能就让它成真。信仰，不论多么热切，多么虔诚，多么强烈，都对上帝是否存在的事实未置一词。"第二天我到一家书店，从皮夹里取出如今对我毫无作用的画像，小心翼翼地夹进一本名为《心灵平静》（*Peace of Mind*）的书里，或许能让其他准备战斗的灵魂获得些许帮助。

虽然死的念头一直让我觉得恐惧，但我宁可有这样原始的恐惧，也不想接受某些因不可解而更富吸引力的信仰。我痛恨"正因为它不可解，所以我信"这样的说法。但是身为治疗师，我只把这样的想法放在心里：我知道宗教信仰是安心力量的来源，若没有更好的取代方法，我也绝不会干预。

我这种不可知的论调很少动摇，或许有几次在学校早祷之时，看到老师同学全都低着头向天上的父喃喃低语，曾令我觉得不安。是不是除了我之外所有的人都疯了？我疑惑。接着报上又刊出我们敬爱的罗斯福每周日上教堂的照片，让我不禁思索：罗斯福的信仰可不能掉以轻心。

至于葆拉的想法呢？她给儿子的信，她对我们的存在都有个我们无从了解的目的这样的想法，又该怎么解答？弗洛伊德必然会对葆拉的比喻感兴趣，而我又完全认同弗洛伊德的宗教观。他一定会说："这正是满足期待的典型例子。我们期待存在，担心自己不存在，于是我们创造了有趣的神仙故事，让美梦全都成真。未知的目的地等着我们：忍受折磨的灵魂、天国、不朽、上帝、复活，这些全都是幻想，全都是消减难免一死痛苦的糖果。"

葆拉对我的怀疑论调总是温和地回应，轻轻提醒我，虽然我觉得她的信仰不真实，但它们亦不容否认。我虽然怀疑，却爱葆拉的比喻，也以从未有过的耐心聆听她讲道。或许这是一种交换：我以怀疑想法的一隅交换接近她的恩典。我嫉妒她的儿子，他可明白自己有多么幸福？我多么希望自己有这样的母亲。

在这段时期，我参加了朋友母亲的葬礼，牧师讲了一段慰藉的话语。他描述一群人在海滨哀伤地向扬帆出海的船只告别，船影越来越小，只剩桅杆顶端还看得见，最后连桅杆也消失了，人们低语道："她走了。"然而就在此刻，在遥远的某一方，另一群人正在张望海平面，他们看到了桅顶出现，不禁欢呼："她来了。"

若是不认识葆拉之前，我听到这样的话只会嗤之以鼻："愚蠢的寓言。"现在我的反应却不再这样强烈了。我环顾其他吊唁者，有一刻甚至觉得和他们合为一体，因幻象而结合，因船接近新生命的岸边这样的意象而欣喜。

在我认识葆拉之前，总是对加州最普遍的"新时代"现象大加挞伐：塔罗牌、易经、练功、复活、星象学、命理学、针灸、科学论派（知识为根据之教派，宣称使信徒发挥人的最大潜能）、前世今生的治疗。以前我总想：人就是需要这些东西，以满足我们内心深处的渴望，而且有些人就是无法独立，让他们仰赖这些神话吧，可怜的家伙。如今我的态度缓和多了，我会用比较不那么激烈的句子："谁知道呢？""或许吧！""人生本来就是复杂难解的。"

葆拉和我熟识之后，我们打算组成一个临终病人的团体。如今这类团体很普遍，但 1973 年时，是才开风气之先，临终就像色情一样是禁忌的课题，我们无所遵循，必须全靠自己张罗。然而我们一开始就碰到难题：怎么成立这样的团体？到哪里去找成员？难道要我们登广告："征临终病人"？

不过葆拉在教会、医院和居家护理组织的人脉，帮我们介绍了一些可能的人选。斯坦福洗肾中心转介来第一位成员：年方 19 岁的吉姆，患有严重的肾脏病。吉姆虽知道自己人生短暂，但却无意更进一步了解死亡。他避开葆拉和我的视线，甚至根本避开和我们的任何接触。"我是个没有希望的人，"他说道，"谁会要我当丈夫或朋友？何必一直去面对被排斥的痛苦呢？我太常说这些，也太常被人拒绝了。不需旁人，我也可以活得好好的。"葆拉和我只见过他两次，他没有再参加我们的活动。

我们的结论是，吉姆太健康了。他对洗肾抱持了太大的希望，而且洗肾延缓死亡的时间也太长，让他否定的情绪生了根。我们要找的是已经来日无多、对人生不抱希望的病人。

接着罗伯和萨尔相继加入。他们俩都不完全符合我们的标准：罗伯总否认自己临终，而萨尔则说他已经和病魔妥协，无须我们协助。年方 27 岁的罗伯已经和高度恶性的脑瘤奋战了 6 个月，他对自己病情的态度时常在两极间摇摆，一会儿他会坚持："看着好了，我会在 6 周之内爬上阿尔卑斯山。"（恐怕他毕生连内华达州以东都没去过。）一会儿他又诅咒自己麻痹的双腿害他连保险契约书都找不到："我得查查万一我自杀，妻小是否就无法得到理赔。"

虽然我们知道人数不够多，但还是创立了这个小团体，成员就是葆拉、萨尔、罗伯和我四个人。由于萨尔和葆拉无须协助，而我又是治疗师，因此罗伯成了小组存在的唯一理由，只是他非常顽固，我们一方面鼓励指引他，一方面也尊重他否定排拒的选择。然而支持一个持负面态度的人实在叫人产生无力感，尤其我们只是想帮助罗伯接受他濒临死亡的事实，让他仅余的生命不致留憾。我们全都对聚会不怎么热心。两个月后罗伯头痛加剧，在睡梦中溘然而逝。我真怀疑我们帮上了什么忙。

萨尔则以不同的方式迎接死亡。死亡越迫近，他的精神却益发提升，死亡使他的生命获得了他先前从未察觉的意义。他患的是多发性骨髓细胞瘤，这是一种会侵犯骨骼疼痛不堪的疾病。由于他已经骨折多次，因此全身从头到腿包在石膏下。许多人都爱萨尔，很难相信他才 30 岁。他就像葆拉一样，在最绝望的时刻获得启发，明白癌症是他的圣职，这改变了他随后的一切，包括同意加入我们的群体：他觉得这是协助其他人超越病魔，寻觅生命真义的机会。

萨尔加入我们时，机会还没有成熟，我们的团体太小，还不能提供给他合适的听众，然而他在其他地方依旧找到讲台：尤其是在高中向惨绿时期的青少年演讲。"你们想吃迷幻药来戕害身体，想要用酒、大麻、可卡因来杀死它？"他雷霆万钧的声音回响在大礼堂："你们想要开快车撞烂你的身体？杀死它？把它丢下金门大桥？你们不想要它？那么把你们的身体给我！让我拥有它。我需要它，我接受它，我想要活下去！"

这样的诉求深深打动人心。听他演说，令我不禁战栗。"人之将死，其言也哀。"他的演说铿锵有力，学生们专注聆听，感受到他的诚意，知道他没有多余的时间胡说。

一个月之后，艾芙琳加入我们的团体，让萨尔有更多机会为他的圣职而努力。62 岁的艾芙琳罹患晚期淋巴癌，坐着轮椅被推进我们的聚会，当时她还正在输血。她对自己的病情很坦然，心知自己即将死亡。"我可以接受这点，"她说，"这已经不重要了。但重要的是我的女儿，她让我连这最后一程都不得安宁！"艾芙琳把担任临床心理医师的女儿骂得一文不值："睚眦必报，缺乏爱心的女人。"几个月前因为女儿照顾艾芙琳的猫时错喂了食物，两人大吵一架，迄今依然冷战。

听了她的倾诉之后，萨尔简单扼要但热忱地向她说："请听我说，艾芙琳，我也不久于人世了。你的猫吃什么有什么要紧？谁先屈服又有什么关系？你知道来日不多了，我们别再假装了吧。你女儿的爱是这世上对你最重要的事，请你在走前一定要把这点告诉她！否则你会毁了她的人生，她永远不能复原，而且还会把这种伤害传给她的女儿！一定要打断这样的循环！"

这样的恳求生了效。虽然几天后艾芙琳就去世了，但护士告

诉我们，她被萨尔的话打动，和女儿流泪和解。我为萨尔骄傲，
这是我们这个团体第一个成功的事例！

又有两位病人加入我们的团体。几个月后我们觉得有了足够
的经验和了解，可以嘉惠更多的病患。因此，葆拉更认真地寻找
人选，她和美国癌症学会接触，得到一些信息，经面谈筛选之后，
我们接受了七名新病人，全都是乳癌患者。我们终于正式开始
营运。

在全体会员头一次聚会中，葆拉一开始朗读了一段犹太教的
故事，令我吃了一惊：

> 一名牧师和主谈论天堂与地狱。主说："我让你看地狱的景
> 象。"他带着牧师走进一个房间，房内一张大圆桌，围桌而坐的人
> 们似乎都饥肠辘辘。桌上有一大锅热腾腾、香喷喷的汤，叫人不
> 由得流口水。围桌而坐的每一个人都拿着手把很长的汤匙，虽然
> 正好够得到锅，却比人的手臂还长，因此人们不能把食物喂进自
> 己的嘴里，大家都吃不到，难怪饿坏了。
>
> "现在我再带你去看天堂。"主说道。他们走进另一个房间，
> 里头的陈设和第一间一模一样，同样的大圆桌，同样的热汤。围
> 桌而坐的人也都拿着长柄汤匙，但每一个人都吃得很饱，都开心
> 满足。牧师不明白，主说："很简单，不过要一点技巧。在这个房
> 间里，他们都会互相喂食。"

虽然葆拉擅自决定以这段故事作为开场白，令我措手不及，
但我并未多想。我们还没有厘清相互之间的角色和合作的关系，
她用这样的方式也无可厚非。此外，她的判断总是很精准，这是

迄今我所见过最具启发性的开场白。

我们的团体要取什么名字呢？葆拉说："桥梁团体"。为什么？两个原因：第一，这个团体在癌症病患之间架起了桥梁；第二，我们在这个团体中，就像打桥牌一样，把牌摊在桌面上。

"桥梁"成长得很快。每隔一两周，就有恐惧的新面孔加入，葆拉会拉着新成员的手，邀他们外出午餐，教导、鼓励、启发他们。不久我们的人数就太多了，不得不分为两个八人小组，我也请了一些精神科住院医师做组长。所有的成员都反对分组，认为这会影响整个大家庭的完整，我提出妥协的办法：我们可以分组讨论 1 小时 15 分钟，最后 15 分钟再合并，交换心得。

这些聚会探讨的是其他团体不敢面对的课题，一次次的聚会中，成员带来病情转移的新噩耗、新的悲剧，而每一次我们都找到安抚慰藉的方法。偶尔要是有人病得太重、太虚弱，无法参与会议，我们也会把聚会移到他家举行。

我们讨论的内容百无禁忌，葆拉也在每一次重要的讨论中扮演举足轻重的角色。比如一位名叫伊娃的成员谈到朋友突然在睡梦中因心脏病去世，令她嫉妒不已："这真是离开人世最好的方式。"但葆拉却不以为然，认为猝死是悲哀的死法。

当时我很替葆拉难为情。我不由得疑惑：为什么她要让自己出糗？谁能否认伊娃的话，在睡梦中逝去怎么不是最幸福的死法？然而葆拉一如往常，不慌不忙地说明她的观点："你需要时间，许许多多的时间，让别人准备好面对你的死亡——你的丈夫、朋友、最重要的是你的孩子。你必须对未完成的一切有所交代，不能任意抛弃人生的计划。你的工作必须完成，问题必须解决。

否则你的人生还有什么意义？"

"而且死是生的一部分，在睡梦中错过它，就等于错过人生最伟大的冒险。"

不过伊娃并不为所动："葆拉，不管你怎么说，我还是羡慕朋友的猝死，我一直都喜欢惊奇之举。"

我们的团体不久就在斯坦福社区闻名遐迩。学生（精神科住院医师、护士、大学部学生）都透过镜子观察聚会的情形，有时候成员的痛苦实在太难承受，学生们也热泪盈眶地奔出观察室。一般精神治疗虽然允许医科学生从旁观察，但通常都不情不愿，然而我们这个团体却欢迎学生观察。全体成员就像葆拉一样，非常希望有学生受教，他们有许多体验想教导学生，因为死的迫近使他们自觉更加有智慧。他们尤其明白：生命是不能延迟的，非得活在当下，不能拖到周末、度假、孩子们长大，或是退休的暮年。我不止一次听到这样的怨叹："我竟然等到现在，等到癌症缠身，才学会如何生活，多么可悲啊！"

那段时期我一心一意想在学界出人头地，研究、研究基金的申请、演讲、教学和写作的忙碌工作限制了我和葆拉的接触。我是否害怕太亲近她？或许她的宇宙观，她超脱世俗目标的态度，威胁了我在学术市场追求成功的努力。当然，每周聚会我都会看到她。在聚会中，我只是名义上的领导者，她才是协调一切的灵魂人物。她带领新的成员，让他们感到宾至如归，把她的私人经验和他们分享，并且在每次聚会之间和他们联系，共进午餐，在任何人有急需时提供帮助。

或许可用"精神导师"来形容葆拉的角色。她提升我们的团体，使它更有内涵。她每次开口，我都专心聆听：她总有令人意想不到的观点。她教导成员沉思冥想，深入探索自己的内心，找到平静的中心，忍受痛苦。一天在聚会行将结束之际，她出其不意地从袋中拿出一支蜡烛，点燃之后放在地板上。接着她说："我们靠近一点。"并向坐在她两旁的成员伸出双手："凝视这支蜡烛，静静地沉思几分钟。"

在认识葆拉以前，医学的训练使我绝不能容忍治疗师竟以让所有成员牵手凝视蜡烛的方式结束聚会，然而人人都赞同葆拉的建议，连我也觉得这样做很恰当，此后我们每一次都以这种方式结束聚会。我很珍惜这样的时刻，有时我恰巧坐在葆拉身边，在松手前会轻轻捏她的手。她尊严地带领我们沉思，她的教诲："抛开愤怒，抛开痛苦，抛开自怜。探索你的中心，探索你平静的深处，敞开心胸给爱，给宽恕，给上帝。"

有时我不禁疑惑，除了帮助他人之外，葆拉还有什么需要？虽然我一再地问她我们这个团体能帮她什么忙，但她从没有给我答案。有时候我也对她忙碌的步调感到惊讶，她每天都会拜访数位病人。是什么驱使她这样做？为什么她谈到自己的问题时，总是以问题都已经过去了的语气说话？她只给我们答案，却从没让我们知道她尚未解决的问题。葆拉的生命已经超过了最乐观的预期，她依然精力充沛，爱人也被爱，是被迫和癌细胞共存者的救星，我们还能要求什么呢？

这是我和葆拉共处的黄金时期，或许当初维持这样就好了，但有一天我突然注意到我们的团体规模变得多么庞大，这样的规模需要资金，因此我开始考虑申请研究基金。我从未向这个团体的病人收费，甚至也不曾接洽过保险公司，询问他们是否会为这样的支援团体支付费用，但我花了不少的时间和精力，对斯坦福大学也必须有所交代，同时我觉得自己作为癌症病患团体学生的时期已经结束，该为它做点事，做研究，评估效益，发表我们的结果，把消息传播出去，鼓励各地也成立类似的团体。简而言之，该是推广这样的团体同时获得一些收获的时候了。

机会来了，美国癌症学会提供乳癌患者社会行为的研究基金，我提出申请获准，让我能评估自己的治疗方法对乳癌末期病患是否真有帮助。我很有自信，认为我的治疗提升了这些病患的生活质量，如今只要在成员加入前和加入后定期请她们填写评估问卷，大功即可告成。

请注意我现在常用的代名词变成第一人称的"我"："我考虑……我申请……我的治疗方法……"如今回顾起来，这样的词汇或许已经预示了葆拉和我关系的恶化，但那时我却浑然不觉，只知葆拉点燃我生命的光，而我是她的磐石，是她所寻觅的避风港。

如今我可以确定一件事：在研究基金发下来之后，一切开始不对劲了，先是一些小摩擦，接着我们之间的裂缝越来越大。或许第一个明显的例子，是葆拉有一天告诉我她觉得受到研究计划的剥削，当时我觉得莫名其妙，因为我尽力让她在这个计划中扮演她所想要扮演的角色：新成员的人选全由她面谈决定，全都是乳癌转移的病患，她也协助我们设计问卷，此外，她也获得了很理想的报酬——远高于一般研究助理所得，也超过她所要求的酬劳。

几周后，她告诉我她觉得自己工作过度，希望有更多自己的时间，我很同情，也试着提供建议，让她放慢忙碌的脚步。

在我向癌症学会交出第一阶段的研究报告后不久，就听到流言说葆拉对自己在报告中所占的分量太少感到不满，虽然我把她列为研究助理的第一人。当时我没有理会这样的谣言，因为这太不像葆拉了，如今想来大错特错。

不久，我请金丝莉医师担任这个团体的共同治疗者，她是一名年轻的心理学者，虽然没有和癌症病患共处的经验，却非常聪明和善，而且工作认真。葆拉不久就找我谈，她责备我："那个女人是我所见过最冷漠无情的人，她绝不可能帮助病人。"

我很震惊，一方面是因为她对这位医师的看法，另一方面也因为她尖酸刻薄的语气。为什么这么刻薄呢？我不禁想道，为什么葆拉这么不友善、不慈悲呢？

由于研究基金规定在核发之后 6 个月内，我得举办两天的讨论会，和 6 名癌症治疗、研究计划和统计分析的专家共同讨论，因此我邀请葆拉和其他四名成员担任病人顾问参加讨论。这样的讨论会只是做个样子，纯粹是浪费时间和金钱，然而政府赞助的研究既然有这样的要求，就必须遵守。葆拉却不能忍受，她估算两天会议的花费（约 5000 美元）之后，气冲冲地来斥责我："想想看这 5000 美元可以为癌症病人提供多少东西！"

我想：葆拉，我爱你，但你怎么那么傻呢？"难道你不觉得我们必须妥协吗？"我说，"这 5000 美元根本不可能直接用来治疗病人，而且若我们不遵守规定举办研讨会，就会丧失研究基金。只要我们撑下去，完成研究，证明我们的做法对临终癌症病人的价值，就能嘉惠更多病人，远比这 5000 美元还要多得多。不要只见树木不见森林，葆拉，求求你妥协吧！就这一次就好。"

我可以感受到她对我的失望。她缓缓地摇头说："妥协一次？你不可能只妥协一次，有一就有二。"

在研讨会上，所有的专家都恪尽职守（也获得优厚的报酬）。其中一位谈到衡量沮丧、焦虑的心理测验，另一位讨论医保制度，还有一位大谈社区资源。

葆拉非常认真地参与研讨，我想她可能觉得自己来日无多，不能等待，因而在讨论时主动出击，惹得与会专家都心浮气躁。举例来说，在他们谈到病人拒斥病情的客观评量标准如不肯起床穿衣、退缩哭泣时，她却以自身经验主张这些行为都有一段准备期，最后会进入另一个阶段，有时这就是成长的经验。虽然专家想说服她，如果以大规模的病例和对照组相比，就可以用客观的数据分析来处理这类统计的问题，她却不予理会。

接着研讨会请每一位成员提出预估个人能否适应癌症的因素，癌症专家李医师在黑板上写下成员所提的各种因素，包括：婚姻状况是否稳定、环境资源、个性、家庭史。葆拉此时举手提出："勇气和性灵的深度。"

李医师一语不发，刻意地忽视她，把粉笔抛下又接起，如是数次，最后他转身把葆拉的建议写在黑板上。虽然我不觉得这样的建议有什么不合理的，但我知道，而且每一个人都知道，李医师在抛接粉笔的当时，心里一定在想：求求你们，赶快把这个老太婆弄出去！后来在午餐时，他轻蔑地称葆拉为"布道家"。虽然李医师是声誉卓著的肿瘤学者，我们非得得到他的支持和推荐不可，但我依然冒险反驳他，为葆拉辩护，强调她在我们团体中的重要性。即使这样的辩解未能扭转他对她的印象，我依然因自己支持她而感到自豪。

当晚葆拉打电话给我，她气坏了："研讨会上那些医学专家全是机器人，没有人性的机器人！我们病人一天24小时和癌细胞搏斗，在他们眼中我们算什么？告诉你吧：不过是'适应不良'罢了。"我和她长谈，尽可能抚慰她，要她别一竿子打翻一船人，要有耐心。我重申当初创立这个团体的原则，并且下结论说："葆拉，请记得，这一切都不会造成任何影响，因为我有我自己的研究计划，绝不会被他们唯物的观点所左右，相信我！"

但葆拉不接受抚慰，也不相信我。这次的研讨会在她心头留下了阴影，几周以来它一直在她心头翻搅，最后她指责我向官僚屈服，她自己也送了一份义愤填膺的报告给美国癌症学会。

最后，葆拉终于走进我的办公室，宣布她要退出我们的团体。

"为什么？"

"我只是觉得太累了。"

"葆拉，这不是理由，真正的原因是什么？"

"我说过了，我太累了。"不论我怎么问，她都坚持这个回答，虽然我们俩都知道真正的原因是我让她失望。我使出浑身解数（而且经过多年执业，这方面我很有办法），但没有用。不论我怎么尝试，甚至开玩笑或是诉诸我们长久以来的友谊，她都反应冷淡。我再也无法取得她的信赖，只能忍受虚伪的讨论。

"我只是工作得太累了，我受不了。"她说。

"我不是告诉你好多次了吗？葆拉，减少你探望病人和打电话的次数，只要来参加我们的聚会。这个团体需要你，我也需要你。一周来 90 分钟应该不会太久吧。"

"不行，我不想拖拖拉拉。我得彻底地休息，而且现在这个团体也和以往完全不同了，它太肤浅，我得再探索更深的领域——追求象征、梦境和原型。"

"我同意，葆拉。"我非常严肃，"我也想这样做，现在这个团体正开始探究这样的领域。"

"不行，我太累，太筋疲力竭了。每一位新病人都让我再经历一次我自己的危机，我自己的骷髅地。不行，我已经决定了，下周就是我最后一次参加。"

于是一切成了定局。葆拉再也没有回到我们的团体。我请她随时打电话给我，她答说，我也可以打电话给她。虽然她并非恶意，但她的话依然深深刺伤我。她再也没有打电话给我。我拨了几次电话给她，还两次请她吃午餐。第一次午餐（太叫人难过了，害我过了许多个月，才敢再打电话请她吃午餐）一开始就噩兆连连。我们原先选的餐厅人满为患，因此我们临时改到对街的特鲁多餐厅，这是庞大如洞窟般的建筑，先前曾做过汽车经销商、天然食品店和舞厅等用途，如今改做餐厅，菜单上有许多以舞为名的三明治："华尔兹""扭扭"和"却尔斯登舞"。

一开始就不对劲。我听到自己点了"呼拉"三明治就觉得大事不妙。葆拉打开皮包，拿出一小颗葡萄柚般大小的石头，放在我们之间的餐桌上。

"这是我的愤怒石。"后面的事我已经记不清了，幸好我记了笔记，和葆拉的对话非常重要，不能尽信记忆。

"愤怒石?"我一头雾水地看着桌上那长满苔藓的圆石。

"我被折磨够了，我被愤怒所吞噬。现在我已经学会放开愤怒，让愤怒进入石头里。我今天得把它带来，和你在一起时，我希望它也在场。"

"你为什么生我的气，葆拉?"

"我现在已经不气了，没剩多少时间让我生气。但我曾受伤，在我最需要帮助的时候，却遭到遗弃。"

"我从没有遗弃你，葆拉。"我说。但她不理睬我的话，继续向下说。

"研讨会后，我心力交瘁：看到李医师站在台上对空抛粉笔，刻意忽视我，忽视所有病人的人性关怀，我觉得整个世界都崩溃了。病人也是人，我们苦苦挣扎。有时我们鼓起勇气和癌症奋斗，我们总说赢或输了这场战斗，这的确是战斗。有时我们陷入绝望深渊，有时则只是体力上的疲惫，有时我们则可超脱癌症。我们绝非'适应不良'，而是远远超越。"

"但那是李医师，不是我。我并没有这样想，后来我还帮你说话呢。我早告诉你了。总而言之，我们一起努力，你会相信我只把你当成'适应不良'吗? 我像你一样痛恨这样的说法和想法!"

"你知道，我不会再回到这个团体。"

"这不是重点，葆拉。"的确，她回不回我们的团体已经不是最急切的事了。虽然她在这个团体里举足轻重，但我也了解到她的离开反而造成其他几名病人自我的成长和学习。"最重要的是你信任我，关怀我。"

"研讨会后我哭了 24 个小时，我打电话给你，但你当天却并未回电。后来等你回电时，也没有安慰我。我上教堂祈祷，和艾尔森神父谈了 3 个小时，他聆听我，他总是聆听我。我想他救了我。"

去他的神父！我努力回想三个月前的那一天，只依稀记得在电话里和她谈过，但她并没有向我求助。我确定她只是在抱怨研讨会，而这我已经和她谈过好几次，太多次了。为什么她不能明白？究竟我要告诉她多少次，这一切根本没意义，我又不是李医师，我也没有丢粉笔，甚至后来还帮她说话，我还是会以原来的方式维持团体的进行，一切都不会改变，只除了团体成员每隔三个月得填几份问卷罢了。是的，葆拉当天打电话给我，但那时她并没有向我求助，而且从来也没有。

"葆拉，在你告诉我你需要帮助时，我曾拒绝过吗？"

"我哭了 24 个小时。"

"但我又不是你肚里的蛔虫。你当时只说想谈谈这次的研究和你的报告而已。"

"我哭了 24 个小时。"我们俩各说各话。虽然我尽力想打开她的心扉，告诉她我需要她——为我自己，而非为团体。的确，我需要她。当时我生活中的确有些烦恼，我渴望她的启发，她的出现让我安心。几个月前我曾在晚上打电话给她，名义上是讨论我们为团体所做的计划，实际上却是因为我太太出城去了，我觉得寂寞、焦躁。在长达一小时多的通话之后，我觉得好多了——虽然因为倾倒了心灵垃圾而有点罪恶感。

现在回想葆拉抚慰我心的那段长谈，为什么我不诚实一点？为什么我不干干脆脆地说："葆拉，我今晚可以和你谈谈吗？你能帮助我吗？我觉得焦虑不安、寂寞孤单。我睡不着。"不，不，绝不可能！我宁可偷偷地汲取我的养分。

那么我要葆拉公开地向我求助，又是多么虚伪啊！她或许是以研讨会为借口向我求援，这又有什么关系？我早该不等她向我屈膝就先安慰她。

我边思索葆拉的愤怒石，边明白我们的关系已经很难挽回了。于是我以从没有过的态度向她坦承："我需要你。"我提醒她，治疗师也有需要，"我对你的烦恼可能不够敏感，但我不能看透人心。而且这些年来你不也都拒绝我对你的帮助？"其实我真正想说的是："再给我一次机会，不要永远离开我。"当天我已经接近恳求，但葆拉依旧不为所动，我们俩就此分道扬镳。

有几个月，我完全没想到葆拉，直到金丝莉医师提到她们俩有过一次不快的接触。葆拉回到目前由金丝莉医师领导的这个团体（当时我们已经分成几个团体），据金丝莉医师描述，她一副"癌症夫人"的模样，从头到尾都是她一个人在说话。我立刻打电话给葆拉，再度邀她共进午餐。

葆拉欣然接受这次的邀请，倒使我吃了一惊，但一等我们在斯坦福教职员俱乐部会面，她的意图就非常明显，一直在谈金丝莉医师。据葆拉说，和金丝莉医师同组的治疗师请她对她们的团体演说，但一等她开始说话，金丝莉医师就嫌她占用太多时间。"你得责备她，"葆拉急切地说，"老师该对学生不够专业的行为负责。"但金丝莉医师是我的同事而非学生，而且我已经和她有数年的交情，她的先生是我的好友，她和我也共同领导许多治疗团体。我知道她是很杰出的治疗师，因此葆拉对她的指控应该是扭曲不实的。

慢慢地，我终于明白葆拉是嫉妒：嫉妒我对金丝莉医师的关怀注意，嫉妒我和她及其他研究成员的合作关系。难怪葆拉拒绝研讨会，难怪她不愿与其他研究人员合作。她不愿有任何的改变，一心只想回到当初她和我单独领导我们那小小团体的时刻。

我该怎么办？她坚持我得在她和金丝莉医师中做个选择，让我进退两难。"我关心你也关心金丝莉医师，葆拉，该怎么才能让我保持和金丝莉医师的同事之谊和友谊，而不让你再度觉得遭我遗弃？"虽然我以各种方法和她沟通，但我们之间的距离却越来越远。我找不到合适的言语，我们之间似乎没有共同的话题。我再也没有权利问她私人的问题，她对我的生活再也不感兴趣。

整个午餐，她都一直在谈医师的误诊："他们不理睬我的问题，他们开的药对我弊多于利。"她还警告我有个心理学者和曾参加我们团体的病人谈过："他想剽窃我们研究的结果，用在他的书里，你最好注意保护你自己。"

葆拉显然深感困扰，我对她的妄想感到惊讶和悲哀，或许这样的反应不自觉地流露出来，因此当我准备离开时，她要我再坐几分钟。"我要讲个故事，欧文，坐下，听我说山狗和蝗虫的故事。"她知道我爱听故事，尤其是她说的故事。我满怀期待地聆听：

从前有一只山狗，生活的压力叫它吃不消，它的周遭到处是嗷嗷待哺的小山狗，然而猎人太多，陷阱也太多。有一天它离家出走，只想静一静。这时它听到美好的歌声——幸福平和的旋律，于是它循着歌声到达林间一处空地，看到一只大蝗虫正在一截空树干中晒着太阳唱歌。

山狗对蝗虫说："教我唱你的歌。"蝗虫没有反应。山狗再度提出要求，蝗虫依然不作声，最后山狗威胁要把蝗虫一口吞下，蝗虫才屈服，反复地唱这首甜美的歌，直到山狗记住。山狗边哼着这首新歌，边准备回家，但一群野雁飞过，让它分心，等它回过神来，张开大嘴准备唱歌，才发现已经把旋律忘个精光。

因此，山狗再度回到林间的空地，但这时蝗虫已经蜕了壳，飞上高枝，只剩空皮留在树干上。山狗这次可不浪费时间，它要确定这首歌永远留在它心里，因此一口吞下蝗虫的皮，不知道蝗虫已经蜕皮。它动身回家，却发现自己依然不会唱新歌，这时它才明白吃掉蝗虫也无济于事，它得让蝗虫出来教它，于是它拿了把刀，切开肚子，好把蝗虫放出来，没想到切得太深，流血而死。

"因此，欧文，"葆拉带着可爱快乐的微笑，拉住我的手，朝我耳内呢喃："你得找到你自己的歌。"

我非常感动：她的微笑，她的神秘，她的智慧——这正是我所爱的葆拉。我喜欢这则寓言，这就是葆拉原本的模样，仿佛回到昔日时光。我爱这个故事表面的意义：我也该找到自己的歌，而不理会这故事关于她和我之间关系更黑暗的含义。迄今我还不愿太深入地探讨它。

于是我们各唱各的调。我的事业生涯慢慢进展：我主持了研究，写了许多书，获得我所企盼的学术奖和升迁。10 年过去了，葆拉协助我设立的乳癌计划已经完成，研究结果也已经发表。我们为 50 名乳癌转移妇女做团体治疗，再和 36 名控制组病人互相比较，发现团体治疗大幅提升病人余生的质量。（多年后，我的同事斯皮格尔医师在《柳叶刀》（Lancet）医学期刊上发表专文指出，我们的团体延长了成员的寿命。）不过这个团体如今已经成了历史，"桥梁"团体创始的 36 名成员和乳癌转移研究计划的 86 名成员全都去世了。

只有一位例外。一天在医院走廊上，一名红发红脸的年轻女子和我打招呼，说："葆拉·韦斯特问候你。"

葆拉！可能吗？葆拉还活着。我竟连这也不知道，叫我不禁颤抖起来。

"葆拉？她好吗？"我结结巴巴地说，"你怎么认识她？"

"两年前我患了狼疮，葆拉来看我，介绍我参加她的狼疮自助团体。她一直照顾我，整个狼疮自助团体都很照顾我。"

"葆拉得了狼疮？我怎么没听说。"真虚伪，我不由得想。我怎么可能听说？我根本没给她打过电话。

"她说她的病是因为癌症药物造成的。"

"她的病情严重吗？"

"葆拉的事很难说。当然不会重到不能成立支援团体，她还请所有的新病人共进午餐，在我们病得没法出门时来看我们，请一些医学专家演讲，让我们了解关于狼疮的新研究发展，甚至还针对治疗她癌症的医师成立医德委员会，展开调查。"

组织、教育、关怀、煽动、创办狼疮自助会、斥责医师，这的确是葆拉的作风没错。

　　我谢过这名年轻女性，当天就拨了葆拉的电话。虽然已经 10 年了，但葆拉的电话号码我依旧谨记在心。就在等她来接电话的时候，我突然想到最近才公布的研究报告，个性和长寿之间有所关联：积极、警觉而妄想的好斗病人，通常比较长寿。我心想，活蹦乱跳的葆拉总比死气沉沉的她来得好！

　　她似乎很高兴我打电话过去，并邀我上她家共进午餐。她说狼疮使她很怕日晒，不敢在大白天外出。我欣然接受她的邀请。午餐当日我在她家的前院看到了她，全身从头到脚密密包着亚麻披肩，还戴上特大的宽边海滩帽，她正在为一片芳香的薰衣草除草。"这种病虽然可能会害死我，但我可不会因此就不上花园。"她边说边紧握着我的手臂，领我进屋。她引我到深紫色的天鹅绒沙发，在我身边坐下，立刻用严肃的语气向我说："好久没见了，欧文。但我经常想到你，经常为你祈祷。"

　　"谢谢你想到我，不过谈到祈祷，你知道我不相信这些。"

　　"没错没错，我知道在这方面你还没开窍。这倒提醒我，"她微笑着说，"我对你的任务还没有完成呢。你记不记得上次我们谈到上帝？已经是多年前了，但我记得你告诉我说，我所谓的神圣和夜里的肚子痛感觉没什么两样！"

　　"这样的说法听来实在不敢恭维，但我并无意不敬，只是说这种感觉不过就是一种感觉而已。主观的状态永远不可能取代客观的事实。期望、恐惧、敬畏感，并不表示——"

　　"对，对，"葆拉微笑着打断我，"我知道你死硬派的物质主义立场，我已经听过很多次，也对你说话时的热忱、信心印象深刻。我记得上次谈话时，你告诉我你从没有任何好朋友是虔诚的信徒。"

我点点头。

"其实那时我该告诉你：你忘了有个朋友是信徒——我！我多么希望能引你进入神圣的殿堂！真巧你打电话给我，因为这两周我一直在想你。我刚由喜耶拉山区教会灵修两周回来，真希望你和我一起去。让我告诉你这两周的情况。"

"有一天早上，我们要冥想已逝的故人，我们挚爱而从没有忘怀的人。我想到我哥哥，我非常爱他，但他 17 岁就去世，当时我还小。我们要写一封道别信给这人，告诉他从没说过的话。接着我们到林间寻找象征这个人的物体，并把这个物体和信埋在一起。我选了一小块石头，把它埋在杜松树荫下。我哥哥就像这块石头——坚实、稳定。要是他还活在世上，一定会支持我，绝不会不管我。"

葆拉边说边凝视我的眼睛，我正打算提出抗议，但她把手指头放在我唇上继续说。

"当晚午夜，修院的钟为所有我们失去的人而响。我们共有 24 人，钟也敲了 24 下。我坐在房里，听到第一声钟声，体验——真正地体验到哥哥的死，当我想到他和共享的一切经验，以及我们无缘共有的一切经验时，不禁感到一股无可名状的悲哀。接着奇怪的事却发生了：每一声钟响，都让我想到一位桥梁群体中已逝的成员。等钟声停下来的时候，我已经想到了 21 个人。在钟响时分，我一直不停地哭泣，甚至连修女都听到了，来我房间抱着我安慰我。"

"欧文，你还记得他们吗？你还记得琳达和邦妮——"

"还有伊娃和莉莉。"我和她一起回忆我们第一个团体成员的面孔、故事和痛苦，自己也不禁潸然泪下。

"还有玛德琳和盖比。"

"还有茱蒂和乔安妮。"

"还有艾芙琳和罗宾。"

"还有萨尔和罗伯。"

我们互相扶持着轻轻摇晃，继续唱着我们的二重唱，我们的挽歌，直到念完这个小家族的 21 名成员名字，把它们深埋心底。

"这是个神圣的时刻，欧文，"她凝视着我的眼睛说道，"难道你没有感觉到他们的灵魂吗？"

"我清清楚楚地记得他们，而且感觉到你的存在，葆拉，对我而言，这就是神圣。"

"欧文，我了解你。记住我的话——总有一天你会明白自己信仰得多么虔诚。但现在你肚子饿了，要劝你信教是不可能的。我去拿午餐。"

"等一下，葆拉。刚才你说你哥哥绝不会不管你，是在说我吗？"

葆拉用亮晶晶的眼睛望着我："在我非常需要你的时刻，你的确弃我而去，不过那已经过去了，你又回来了。"

我很确定她说的是什么时刻——李医师朝空抛掷粉笔的时刻。抛掷粉笔的时间有多久？一秒？两秒？但这短暂的时刻却冻结在她记忆里，我得用冰斧才能把它们凿开，当然我不会笨到去试，于是我回头谈起她哥哥。

"你谈到你哥哥像块石头，使我想到另一块石头：上次你放在餐桌上的愤怒石。你可知道在今天之前，你从没有向我提过你哥哥？不过他的死却让我了解了一件事，或许我们一直是三人行——你、我和你哥哥？或许他的死使得你让自己成为自己的磐石，而不愿让我成为你的磐石？或许他的死让你明白，其他人也是脆弱而不可信赖的？"

我住口等待。她会有什么样的反应？在我认识她的这些年来，这是我第一次向她阐释她自己。但她什么也没说。我继续说："我想我说得对，你去参加这次的灵修，和他道别，这非常好，或许你我之间可以有所改变。"

更多的沉默。接着她露出谜样的微笑起身说："现在该是喂饱你肚皮的时候了。"然后走进厨房。

"现在该是喂饱你肚皮的时候了。"这话难道是意味着我刚才在喂她吗？真是的，要喂她什么都很困难！

过了一会儿，我们坐下吃午餐，她直视着我说："欧文，我有麻烦，你现在可以当我的磐石吗？"

"当然，"我很高兴听到她的恳请，认为这是对我问题的回答。"你可以相信我。是什么样的麻烦？"但听到她的问题之后，我的欢喜却化为烦恼。

"我太直言不讳，结果被医生列入黑名单，现在再也得不到良好的医疗照顾。赖基伍医院所有的医师都抵制我，但我又受保险条件所限，不能换医院。像我现在这样的情况，想换保险公司也不可能。这些医师没有医德，故意造成我的狼疮，这是医疗过失！他们怕我！他们用红笔写我的病例，万一接到法院传票，就可以赶快挑出这部分销毁。他们把我当作天竺鼠，故意不用类固醇，延误治疗时机，最后又滥开剂量。"

"我真的觉得他们想除掉我，"葆拉继续说，"我整周都在写信，要向医疗委员会告发他们，但我并没有寄，因为我担心要是这些医师被吊销执照，他们和家人该怎么活下去。但另一方面，我怎能再容忍他们继续伤害病人？我不能妥协。我记得我曾告诉过你，只要妥协一次，就会有第二次，不久你就会丧失自己最真诚的信念。在此时此地沉默，就是一种妥协！我一直在祈祷上帝的指引。"

我感到狼狈。或许葆拉的控诉有些事实，或许某些医师，就像当年的李医师那般，因为她的态度而故意不理睬她。但用红笔写病例，把她当天竺鼠，故意延误医疗时机？这些指控太荒谬，是妄想症的迹象。我认识她所说的某些医师，也相信他们的医德。她再次让我陷入困境，非得在她的信念或我的信念中择一不可。我绝不想再让她觉得我遗弃了她，但我又怎么能和她站在同一阵线上呢？

我进退两难。毕竟这是多年来，葆拉首次直接向我求助。我觉得只有一种回应的方法：把她当成极不安的人治疗安抚她，这是我最不愿对葆拉做的，因为这是把她当成病人"处理"，而非和她共处。

因此，我聆听她的境遇，婉语探询，没有把我真正的想法告诉她。最后我建议她写一封措辞温和一点的信给医疗委员会："诚实，但口气温和一点，"我说，"这样医师只会受到申斥，而不会被吊销执照。"然而这一切只是自欺欺人，没有任何医疗委员会会认真看待她的信，没有人会相信医师全都共谋要除掉她，根本不可能有申斥或吊销执照这些行动。

她思索我的建议。我想她感受到我对她的关怀，也希望她不会发现我在假装。最后她颔首说："你的建议很好，欧文，我正需要这个。"我觉得非常讽刺，竟然在我装假时，她才觉得我值得信任，对她有所帮助。

虽然葆拉对太阳非常敏感，但她坚持要送我上车。她戴上帽子，包上面纱和亚麻披肩，等我发动车子，她靠在车窗上再度拥抱我。我驶离时由后视镜看着她映照在阳光下的身影，她的帽子和亚麻披肩闪着金光，她就像一团光。凉风吹来，她的衣角翩然飘舞，她就像叶子一般在枝头颤抖翻转，准备落下。

在这次见面之前的 10 年间，我辛勤笔耕，写了一本又一本的书：一切都以写作为依归，不受任何干扰。我护卫着我的时间，一如母熊捍卫小熊。我的生活排除了一切，只剩下必要的活动，甚至连葆拉也被排除在外，我再也没有花时间拨电话给她。

几个月之后我母亲去世了，在我搭机去为她办丧事时，葆拉溜进我的心房。我想到她写给已逝长兄的信——信中包含一切她来不及向他说的话。我也想到自己未曾向母亲说的话，几乎包括一切！母亲和我，虽然互相爱对方，却从没有像两个双手和心灵都清澄如镜的那般心灵交流或直接地沟通。我们故意忽略对方，我们都害怕、控制、欺骗对方。我相信这就是我之所以想要坦诚面对葆拉的原因，也是我厌恶得用虚假方式面对她的原因。葬礼当晚，我做了一个又一个可怕的梦。母亲和许多已逝的亲友全都静静地坐在阶梯上。我听到母亲尖锐地叫唤我的名字，也特别知觉到米妮婶坐在最高阶，恍如雕像，接着她开始抖动起来，起先非常缓慢，后来越来越快，最后抖动得比蜜蜂还快，此时阶梯上所有的人——我幼时眼中所有的巨人，如今都已经不在人世，全都颤抖起来。艾比舅舅一边伸手捏我的脸蛋，一边如以往一般略略直笑："可爱的小家伙"，其他人也伸手捏我的脸颊，先是亲亲热热的，接着越捏越痛，我心惊而醒，两颊还兀自跳动着。正是凌晨三点。

　　这个梦描绘的是和死亡的对决。首先已逝的母亲召唤我，让我看到所有已逝的亲人令人毛骨悚然地静坐在阶梯上。接着我试图否定如死一般的沉默，因此死者开始拥有生命的动作。尤其我注意到米妮婶，她因中风全身麻痹，只剩眼睛的肌肉能动，如是数月，刚在前一年去世。在梦中，米妮婶虽然开始动弹，但却失控而动作狂乱。接下来我企图减轻我对死者的恐惧，因此想象他们亲切地捏我的脸颊，恐惧再一次攫获我，捏揉的动作变得激烈而充满恶意，我被对死亡的焦虑淹没。

　　婶婶像蜜蜂一样舞动的形象萦绕着我好几天，我一直无法忘怀，我想或许这是一种讯息，告诉我忙碌的生活步调不过是止住死亡焦虑的笨拙举动，这个梦是不是告诉我要放慢生活步调，关怀我真正重视的一切呢？

　　"重视"的念头使我想到葆拉。为什么我没有打电话给她？她面对死亡却敢逼视它。我还记得有一次她在我们会议结束时引领大家沉思：她的双眼盯着烛焰，洪亮的声音把我们所有的人都带进更深沉、更静谧的领域。我曾告诉她这些时刻对我有多么深远的意义吗？有这么多事物我都未曾告诉她，现在我要说了。在由母亲葬礼回家的路上，我决心要重建她和我的友谊。

但我却从没有办到。太多事情：妻子、儿女、病人、学生、写作。我每天写一页，不理睬其他杂事——朋友、信件、电话、演讲邀请。我生命中的一切都得等我写完书再说，葆拉当然也得等。

葆拉当然不能等。几个月后我收到她儿子寄来的卡片。当年我多么嫉妒他有葆拉做母亲，当年葆拉曾写了一封如此感人的信给他，谈及她所面对的死亡。他简简单单地写道："我母亲去世了，我想她会要我通知你。"

第三章　模范的折磨

　　我耗费了 5 年的时光。5 年来我每天都在精神病房带领团体医疗，每天早上 10 时，我就离开斯坦福大学医学院满架图书的研究室，骑脚踏车到斯坦福大学附设医院，走进病房，在吸进第一口满是来苏消毒剂气味的空气时却步不前，接着从只限教职员饮用的咖啡壶里倒咖啡（病人禁咖啡因、禁烟、禁酒、禁性行为，我想这一切都是为了避免让他们太舒服而赖在医院里）。接着我把会议室中的椅子排成圆圈，拿出小指挥棒，主持 80 分钟的团体聚会。

　　虽然病房可容 20 个病人，但我的团体却很小，有时只有四五名病人。我对学员很挑剔，只让能力较高的病人参加。参与的资格呢？至少必须有三点认识：时间、地点和人。我团体的成员只要知道当时是什么时候，他们是谁，在哪里就可以了。虽然我不在乎成员是否是精神病人（只要他们不说出来，不干扰其他人），但我却坚持每名成员都得说话，80 分钟都得保持注意力，并且坦承自己有求助的需要。

每一个上流俱乐部都有入会标准。或许我对成员的要求使大家更想加入我的团体，而无法参与的人——病情较严重的病人呢？他们可以参加"沟通团体"，也是病房中的另一个团体医疗群体，他们的会议时间较短，较有组织，较不耗费心力。当然还有一些社会边缘人，他们智力有障碍、不能专心、好斗或是疯狂，因此不可能参加任何团体。通常这样的病人经过一两天药物治疗稳定下来后，可以获准加入沟通团体。

"获准加入"，大概最保守的病人听到这样的词，都会忍不住笑出来。说实话，在医院史上还没有发生过病人敲着团体医疗室的门吵着要接受治疗的景象，反倒常在治疗前看到白衣天使和看护到处抓病人，把他们由衣橱、厕所、淋浴间等藏身之所赶出来，赶进集体治疗室。

我所带领的这个团体声名远播：不但难缠，而且最糟的是没有可以隐藏的角落。从没有病人会不请自来，偶尔有反应不及的病人误闯，但一等他明白自己置身何处，恐惧就会在他眼中闪烁，不必提醒，就会自动离开。当然病人可能由低阶晋升到高阶治疗团体，但很少有病人在医院待那么久。因此，病房中人人各安其位：大家都知道自己的位置，只是没有人谈它。

在我带领住院病人团体之前，总以为带门诊病人的团体比较困难。带领七八名人际关系有重大问题的门诊病人可不容易，每到会议结束，我总觉得心力交瘁，对有精力能立刻再带领下一个团体的治疗师，总是钦佩不已。然而等我开始带领住院病人团体时，才开始怀念带领门诊病人的美好时光。

想象一下门诊病人团体的情况：一群有向心力、自动自发的病人；安静舒适的房间；没有护士随时敲门带病人去做某些检查或看诊；没有手缠绷带的自杀病人；没有人拒绝说话；也没有人因药物作用而神志恍惚陷入昏睡大声打鼾。最重要的是，同一批病人和同一组治疗师周复一周共同参与，这是多么了不起的奢望！简直是治疗师的天堂。相比之下，我那个住院病人的治疗团体简直是梦魇——成员不断地迅速流动；不时有精神病发作、狡猾耍诈的成员；20年来饱受躁郁或精神分裂症折磨，病情根本无望进步的病人；室内几乎可以触摸到绝望。

但最大的问题是医院和医保制度的无能为力。每天都有卫生单位的人查房，赶病情略有起色的病人出院，然而这些病人的病例上并未说明他们有自杀或危险的倾向。

难道不久之前真有以关怀病人为依归的时光吗？难道真有等病人痊愈才让他们出院的时光吗？这是否只是梦想？我不想多谈从前行政主管协助医师协助病人的美好时光，然而官僚的矛盾情况却与日俱增。

以约翰为例，这名有妄想症且轻度智障的中年男子曾在中途之家遭到攻击，此后再也不肯到政府赞助的收容所去，而宁可在外头过夜。约翰知道该怎么敲开医院大门，因此在又冷又湿的夜里，常是午夜时分，他会在急诊室割腕，要挟政府若不找个安全而隐秘的场所让他睡觉，还要割得更深。然而没有任何政府单位有权提供每晚20美元的住宿处，而急诊室医师又不能确定如果约翰真被送到中途之家，会不会自杀，因此约翰每年有许多个晚上都安安稳稳地睡在每天 700 美元的病房内，这全是拜愚昧而非人性的医保制度之赐。

目前精神病住院病人短暂的治疗非得要有后续门诊治疗才会有效。然而 1972 年里根任加州州长之后，大笔一挥，废除了精神病医疗保险，不但关闭了大型州立精神病院，而且也根绝了公费的后续治疗。因此，院方被迫日复一日在治疗病人之后，让他们回到当初造成他们必须住院医疗的恶劣环境中。就像把受伤的士兵缝合之后，再送他们上战场一样。想想看你费尽苦心照顾病人——访谈、每天的问诊、给其他精神病医师的报告、教职员计划会议、教学、治疗过程——心知几天后这些人就会回到同样恶劣的环境：酗酒暴力的家庭、早已丧失爱和耐心的伴侣身边、回到垃圾堆里、回到吸毒的朋友和在医院大门口等他们的毒贩身旁。

问：我们医师怎么保持神智健全？
答：学会虚伪。

这就是我耗费时间的方式。首先我学着压抑我的关心，而这原是引领我走上医学这条路的原因。接着我学会了在这一行求生存的法则：避免涉入情感，不要太理睬病人，他们明天就会走了。不要管他们出院后怎么办，记住：小就是美，把目标定小，不要尝试太多，贪多嚼不烂，反而会失败。只要病人明白：接受援助和其他人更亲密能使他们好过，他们对其他人也有用处，那就够了。

渐渐地，几个月来每天迎接新病人，送走老病人，我也想出应对这种断断续续治疗的方法，最重要的一步就是改变我的时间架构。

问：医院精神病房治疗团体的寿命有多长？

答：一次。

门诊病人来看诊的时间可能长达数月，甚至一年，有些问题必须经过一段时间才能凸显，才能辨识，才能改变。长期的治疗才能让我们找出问题，对症下药。但住院病人的治疗团体并不稳定，不会找出任何主题，因为成员的流动太迅速了。我在病房的5年中，很少看到有同样的成员连续参加两次集体医疗，三次是根本没有！有太多病人我只见过一次，他们参加一次治疗后，第二天就出院了。因此，我成了自由派的治疗师，只能尽量在那一次的治疗中，让所有的成员得到最大的益处。

这种知其不可而为之的任务能维持那么久，或许是因为我把它当成一种艺术形式在经营吧。我自认为我的团体医疗非常好，充满艺术美感。从小我就知道自己不会唱歌、跳舞、画画或演奏乐器，早就对艺术死了心，但在我开始经营团体医疗之后，改变了想法。天生我才必有用，或许我只是还没有找到自己的特长罢了。病人都喜爱我的团体医疗，时间很快就过去，我们一起体验了许多温柔、兴奋的时光，我把所学教给大家，旁听的学生也都印象深刻。我不但演讲，也著书谈住院病人的团体医疗。

一年一年地过去，我开始觉得厌烦，医疗似乎一再地重复，光是一次团体医疗，能做的实在太少，就像内容丰富的谈话只开了个头似的。我渴望更多，更深入地参与病人的生活。

因此多年前，我不再领导住院病人的团体，而专心在其他形式的治疗上。但每隔三个月，新住院医师开始值勤时，我就得连续一周从医学院骑车到住院病房来，教导他们如何带领住院病人团体医疗。

这就是我今天来此的原因。但我心不在此，我觉得很沉重，还在疗伤。母亲三周前才去世，她的死深深影响我将在团体治疗聚会中所采取的做法。

我走进会议室，环顾四周，立刻看到三名新精神科住院医师年轻热情的脸庞。一如往常，我心头泛起对学生的关怀，只想一下子把我所会的全都教给他们，但一抬头，我立刻泻了气。眼前所见的并不只是医院中常见的凌乱景象——点滴架、尿管、心跳监视器、轮椅，时时提醒我这一群病人有严重疾病，因此特别可能抗拒治疗，更糟的是病人本身的景象。

房里共有五名病人，坐成一排。护理长在电话里曾简略向我提过他们的状况。头一个是马丁，是坐在轮椅上的那位老人，罹患严重的肌肉萎缩症，他被绑在轮椅上，腰部以下披了一件床单，只能隐隐看到他的下肢——骨瘦如柴，上面覆盖着粗糙的黑皮肤。他的一只上臂扎着厚厚的绷带，由支架支撑，显然是割了腕。(后来我才听说，已经照顾他13年，筋疲力竭的儿子听说他自杀之后，只问他："你这只手也割了？")

马丁之后是桃乐西，她由三楼窗户跳下，自杀未遂，已经瘫痪了一年。她处于恍惚状态，连头都抬不起来。

接着是罗莎和卡罗，这两位年轻女性因厌食而入院，两人都因血液化学不平衡和体重过轻而挂着点滴，卡罗的外表特别让人不安：她的五官几乎完美，却没有一点肉，看着她，有时仿佛看到美丽绝伦的孩子脸庞，有时却像狞笑的骷髅。

最后是梅格诺莉亚，是个邋遢的肥胖女人，已经70岁了，她的两腿瘫痪，是什么原因造成的依然是谜。她的厚金边眼镜用一小块胶布粘补，头发上别着一小顶高雅的蕾丝帽子。她自我介绍时，乳棕色的眼睛回视我的视线，柔和而慢吞吞的南方口音流露出尊严，叫我吃了一惊。"我非常高兴见到你，医生，久仰。"护士告诉我，梅格诺利亚常想象有虫子在她皮肤上爬，因而苦恼，不过她当时安安静静地坐在轮椅上。

我的第一个动作是请所有的病人围成一个圆圈，再请三名住院医师坐在病人之后，在病人的视野之外。我依惯例开始聚会，介绍团体医疗的意义。我先自我介绍，提议大家只呼名不称姓，并告诉他们接下来四天我都会参加会议，"然后这两名住院医师会继续带领整个团体，"我继续说道，"这个团体的目的就是要协助你们对自己和别人的关系有更多的了解。"我看着眼前的老弱病残——马丁萎缩的四肢、卡罗如死神般的脸庞、输送必要养分给不肯进食的罗莎和卡罗的点滴管、桃乐西的尿袋、梅格诺莉亚瘫痪的腿，不禁觉得自己的话实在愚蠢。这些人需要多少帮助，而"协助他们对人际关系有更多了解"听来却那么渺小。不过假装这个团体有雄心壮志又有什么意义呢？记住你的座右铭。我一再提醒自己：小就是美——小小的目标，小小的成功。

我把这个住院病人团体称为"计划团体"，因为每一次会议开始，我都要每一名成员列出计划，找出他所希望改变的层面。如果成员的计划是关于人际技巧，尤其可以在团体中立刻动手做的事物，那么成效更好。因重大人生问题而住院的病人不明白这个计划的重点，对我们强调人际关系感到疑惑，这时我总会回答："我知道你们或许并不是因为人际关系的困扰而住院，但多年来我发现凡是有重大心理问题的人，都可以借着改善和他人的关系模式而获益。重要的是我们要强调关系，才可以得到最大的益处，这正是团体医疗最擅长的部分。"

找出合适的计划可不简单，甚至几次团体医疗下来，大部分成员还掌握不到重点，不过我告诉他们不要担心："我的工作就是协助你们。"这样的过程大约会花掉一半的会议时间，接着我会以剩余的时间尽量讨论各个人的计划。其实计划和讨论计划之间的区别有时并不明显，对有些病人来说，拟计划就是治疗，在这样短暂的相处时光中，只要学会找出问题求助，就已经是很好的治疗了。

罗莎和卡罗两名厌食病人首先开始。卡罗说她没有问题，也不想改进自己的人际关系，甚至加强口气说："正好相反，我想要做的，就是减少和他人的接触。"等我说我从没听过有任何人不想改进自己之后，她才勉强地说，她经常因别人发怒而退缩，尤其怕她父母亲，他们总想强迫她进食。因此，她提出一个计划："我在这个会议中会更加坚持自己的主张。"不过甚至连她自己似乎也不相信自己做得到。

罗莎也没有改进自己人际关系的意愿。她同样希望摆脱人际关系，她不相信任何人："大家都误解我，还想改变我。"我问道："如果在这里想一个此时此地你能做得到的计划，比如能够在今天让这个团体里的人了解你，会有用吗？""也许吧，"她答道，但也警告我她很难在团体中多说话："我总觉得其他人比我好，比我重要。"

嘴角带着唾沫的桃乐西把头垂得低低的，以免接触旁人的视线，她用绝望的口气低语，内容毫无任何意义。她说她实在心情低落，无法参加这个团体，而且护士告诉她说，只要听就好了。我明白我的话毫无用武之地，只好转向另外两名病人。

"我不期望还会有什么好事发生在我身上。"马丁说。他的身体越来越虚弱，他的妻子和其他亲朋好友全都已经去世，他已经很久没见到任何朋友，儿子也因照顾他而厌烦不已。"医生，你还有更多事情可做，不要浪费时间在我身上。"他向我说，"面对现实吧，我已经无可救药了。从前我是个好水手，船上的一切我都可以操作自如，你该看看我当年的样子，没有什么我不会做或不知道的。但现在别人可以给我什么？我又可以给别人什么？"

梅格诺莉亚则说出她的计划："我只要坐着仔细聆听就好了，这不是好事吗？我妈妈总说好好聆听很重要。"

老天爷！长日漫漫！我该怎么打发剩余的时间？我力持镇定，但心头却一阵惊慌。这次的团体治疗原本是要给住院医师做典范的，现在看看我得面对的难题：桃乐西根本不想说话，梅格诺莉亚一心只想聆听，离世独居的马丁觉得自己根本没有什么可以贡献给任何人。（我做了标记：或许有一点机会。）卡罗要坚持自己主张的计划，可以确定根本是空谈，她只是勉强配合我罢了，何况要鼓励病人坚持自己的主张，非得要有积极互动的团体，让他们可以练习直接表达自己的意见。但今天不会有多少人和卡罗积极互动。罗莎或许有一点点机会——她自认为遭到误解，不及他人，或许可以由此着手，我把这点也记下来。

我由卡罗恐惧自我坚持开始，要她不论如何对我所主持的团体医疗会议做一点批评，但她却回避我，向我保证我很有技巧，很会将心比心。

我转向罗莎，没有其他人可以着手。我要求她多谈谈为什么其他人都比她重要，她描述自己怎么把一切都搞砸："我的教育、我的人际关系，我生命中的每一个机会。"我试图把她的话带回此时此地（这样能够加强治疗的力量）。

"看看这个房间里，"我说道，"说说看为什么其他人比你重要？"

"我先说卡罗吧，"她振作起来，"她很美，我一直盯着她看，她美得像画一样。我也嫉妒她的身材，非常平坦，比例匀称，哪像我——看看我，又胖又肿，看看这个。"罗莎用大拇指和食指捏起小腹之间八分之一寸的肉。

这根本是厌食症的偏执。罗莎和其他厌食症患者一样，把自己用一层又一层的衣服包起来，叫人忘记她的瘦弱，其实她体重不到40公斤。她竟然羡慕卡罗，这实在荒谬，只是因为卡罗更瘦。一个月前，卡罗突然昏倒，院方呼叫我前往处理，我赶到病房时，护士正好把她扛上病床，她的衣服掀开，露出臀部，大腿只剩骨头，从皮肤里突出，使我想起集中营逃生的幸存者。但没有必要和罗莎争这一点，厌食病患者对身体形象的扭曲实在太根深蒂固了，我曾和他们争论太多次，也深知这是我争不赢的观点。

罗莎继续做比较。她认为马丁和桃乐西的问题比较严重："有时候，我真希望我有像瘫痪这样比较明显的疾病，这样我就有话

60

可说了。"这话使桃乐西终于抬起头来，首次（也是唯一的一次）发言："你想要双腿瘫痪吗？"她沙哑地低语，"我的给你。"

令人惊讶的是，马丁突然帮罗莎说话："不是，桃乐西——名字对吗？是桃乐西吗？罗莎并不是那个意思，我知道她并不是想要你或我的腿。看看我的腿，看看它们，就看一次。有哪个神志清醒的人会想要它们？"马丁用他仅剩的能活动的手掀起盖单，指着他的腿。他的腿严重畸形，最末端是两三个瘤节，脚趾全都烂光了。桃乐西和其他人都不敢多看，连受过医学训练的我也不禁感到恶心。

"罗莎只是比喻而已。"马丁继续说道，"她的意思只是她想要更明显的疾病，是你们能看得到的病。她并不是轻视我们的病。是不是罗莎？我说的对吗？"

马丁叫我大吃一惊。他的外表让我忽视了他敏锐的智慧。但他还没说完。

"你介不介意我问你一个问题，罗莎？我不是好管闲事，如果你不想答就不要回答。"

"说吧！"罗莎说，"但我可能不会回答。"

"你到底是什么毛病？我的意思是，你生了什么病？你的确骨瘦如柴，但却没有病容。你为什么要打点滴？"他边说边指着点滴瓶。

"我不吃东西，所以他们就给我挂上这个。"

"不吃？他们不让你吃？"

"不是，他们要我吃，但我不想。"罗莎用手指拨头发，仿佛想梳理自己似的。

"你不饿吗？"马丁追问道。

"不饿。"

这段对话实在精彩。因为人人都对饮食失调的病人噤若寒蝉（他们太爱自我防卫，太脆弱，太否定自己），我从没见过有人对厌食症患者如此直言不讳。

"我总是很饿，"马丁说，"你真该看看我今天的早餐：大概吃了 12 个松饼、蛋，还有两杯橘子汁。"他停下来沉思："不吃东西？难道你没有食欲吗？"

"没有，自我有记忆以来就没有。我不爱吃。"

"不爱吃？"

看得出来马丁努力想明白这种想法。他是真的困惑，仿佛见到了不爱呼吸的人那样："我总是吃很多，我一直很爱吃。家人带我出去玩时，总会准备花生和洋芋片，其实那正是我的绰号。"

"你的绰号是什么？"罗莎边说边把椅子微微朝马丁转过去。

"洋芋片先生。我爸妈都这样叫我，他们总爱到码头去看大船进港，也会招呼我：'来呀，洋芋片先生，我们去兜兜风。'我会赶快跑到车上。我们的车是那个区唯一的一辆，当然那时我的腿很好，就像你一样，罗莎。"马丁由轮椅倾身朝下望："你应该有双好腿，虽然有点瘦，没有肉。我以前很爱跑——"

马丁的声音低了下来。他一脸惘然，又把盖毯盖好："不爱吃东西，"他仿佛自言自语地说，"我一直热爱食物，我觉得你错过了许多乐趣。"

此时一直如计划专心聆听的梅格诺莉亚突然说话了："罗莎，我突然想起我儿子丹尼尔小时候，他有时也不肯吃东西，你知道我怎么办吗？换换地点！我们上车开到佐治亚州，我们就住在州界附近。他在佐治亚州就会吃了，老天爷，他吃得可多呢！我们总是取笑他在佐治亚州的食欲。"梅格诺莉亚朝罗莎弯身，把声音放低，就像大声地呢喃："或许你该离开加州，才会吃东西。"

我想要由这些讨论中找出治疗的意义，因此打断了他们的活动（行话所谓的"进度检查"），请成员思索一下他们的互动。

"罗莎，你对现在我们团体的情况，对马丁和梅格诺莉亚的问题有什么感觉？"

"问题没什么，我不在意。而且我喜欢马丁——"

"你能不能直接告诉他？"我问道。

罗莎转向马丁："我喜欢你，不知道为什么。"她转身面对我："他在这里已经一周了，但今天在这个团体里，我是第一次和他说话。我们似乎有很多共同点，但我明知并非如此。"

"你是否觉得他了解你？"

"了解？我不知道。呃，是的，以一种很有意思的方式，或许正是这一点。"

"我正觉得如此。我看到马丁尽他所能想要了解你，而且他只想了解你，我并没有听到他改变你或是教你该怎么做，甚至告诉你你该吃东西。"

"他没这样做是对的。因为这样做没什么好处。"罗莎面向卡罗，两人交换了共谋般的微笑，我不喜欢她们这样的共谋，只想拼命摇晃她们，听她们全身的骨头嘎嘎作响，我想大吼："不准再喝健怡可乐！不要再骑健身脚踏车！这不是开玩笑！你们俩再少几公斤就会死了，你们的一生只留下墓碑上的几个字：'我因瘦而死。'"

当然这一切我只能放在心里，这样做非但没有任何效果，而且会破坏我和他们原本就脆弱的关系。于是我向罗莎说："你有没有发现就在你和马丁的讨论中，已经完成了你今天部分的计划？你说希望自己能够为人所了解，而马丁似乎做到了这点。"

接着我朝马丁说："你觉得呢？"

马丁只是看着我。我想这可能是他这几年来最活泼的一次谈话了。

"记住，"我提醒他，"你在我们会议一开始时，说你对任何人都没有用了。但我听到罗莎说你对她很有用，你也听到了吗？"

马丁点头，他的双眼泛着泪光，感动得说不出话来。不过这已经够了。我在马丁和罗莎身上都有了好的结果，至少不会空手而回（我承认，当时我对住院医师的考虑不亚于对病人的关怀）。

我再朝向罗莎说："梅格诺莉亚对你说的话让你有什么感觉？我不知道你能不能离开加州去吃东西，但我的确看到梅格诺莉亚努力想帮助你。"

"努力？我可不觉得她在努力。她天生就会施予，就像呼吸一样自然。她真是天使，我希望我能带她回家，或是跟她去她家。"

"亲爱的，"梅格诺莉亚对罗莎露出大大的微笑，"你不会想来我家的，点蚊香也没用，它们会一再地回来。"显然梅格诺莉亚在说她的昆虫幻想。

"你们真该聘用梅格诺莉亚，"罗莎朝我说，"她才是真正对我有帮助的人，而且不只是对我，对任何人都如此，甚至连护士碰到问题都来找梅格诺莉亚。"

"孩子，你太夸大其词了。我没帮你什么忙，你太瘦了，因此太容易感动，而且你心肠又好，人人都想帮助你。帮忙叫人很舒服，那是我最好的药。"

"那是我最好的药，医生。"梅格诺莉亚看着我又重复一次，"你只要让我帮助其他人。"

有一会儿我一个字也说不出来，我对梅格诺莉亚感到深深的迷惑：那双智慧的眼睛，那亲切的微笑，那双臂膀，正像我母亲的臂膀，层层的赘肉一直垂到肘部。被这样柔软的褐色手臂怀抱着，是什么样的滋味。我想到自己生活中的种种压力——写作、教学、咨询、病人、妻子、四个子女、财务收支、投资，再加上如今母亲去世。我需要安慰，我不禁想道：梅格诺莉亚的安慰，这就是我所需要的，她那宽大臂膀的慰藉。茱蒂·柯林斯的老歌在我心头荡漾："太多哀伤时光……太多悲惨时光……但若你能够收拾感伤，把它们全都交给我……你就可以摆脱它们……我知道怎么运用它们……把它们全都交给我。"

我早已忘记这首歌了。多年前，我第一次听到茱蒂·柯林斯优美地唱出："收拾感伤，把它们全都交给我"时，心头不禁升起一股欲望，我真想立刻就爬进收音机里，找到唱歌的小姐，向她倾诉我所有的哀伤。

罗莎的声音让我重新回到现实："亚隆医师，你刚才问我为什么这里的其他人都比我好。现在你明白我的意思了吧。你可以看出梅格诺莉亚多么特别，马丁也是，他们俩都关怀别人。大家——我的亲人，我的姐妹总说我自私，没错，我从没有为任何

65

人做任何事，我没有什么东西可以贡献，我只想让大家别管我。"

梅格诺莉亚倾身向我："那孩子很有艺术天分。"她说。

"艺术天分"，多么奇怪的词，我等着听她解释。

"你该看看她帮我绣的毯子。中间两朵玫瑰，四周则缝上小小的紫罗兰，至少有20朵，全都沿着周围。旁边还有漂亮的红色图案。亲爱的，"她朝罗莎说，"明天你把毯子带来给大家看看好吗？还有你正在画的那幅图？"

罗莎脸红了，但还是点头同意。

时间一分一秒地过去，我突然想到我还没有讨论这个团体能为梅格诺莉亚做什么，只因为我太沉醉在梅格诺莉亚的慷慨和那首老歌"你就可以摆脱它们……我知道怎么运用它们"的回忆里。

"梅格诺莉亚，你也该从这个团体中得到些回馈。在聚会开始的时候，你说你只想好好聆听，你的确是个好听众，令人印象深刻，你的观察也很敏锐：从你记得罗莎毯子的所有细节就知道。因此，我觉得你并不需要我们帮你学习聆听，我们还可以帮你做些什么别的？"

"我不知道大家可以帮我什么。"

"我听到大家对你赞不绝口，你有什么感觉？"

"感觉当然很好。"

"但是我相信你以前也听过类似的赞美，大家都因为你的慷慨慈悲而爱你。其实就在今天我们聚会前，护士才谈到你，说你抚养1个儿子和15个养子女，从没有停止关怀。"

"现在可不行了，我什么也关怀不了，我的腿也动不了。那些虫子——"梅格诺莉亚突然颤抖起来，但依旧保持笑容，"我再也不想回家了。"

"我的意思是，大家告诉你原本就已经知道的事，可能多此一举，如果我们要帮助你，就得要给你一些别的东西。或许我们得告诉你关于你的其他面，让你见到自己的盲点，可能是你原本并不知道的事物。"

"我刚刚说了，帮助别人就能让我得到帮助。"

"我知道，那正是我之所以喜欢你的原因，但你知道，人人都可以因为帮助别人而得到快乐，就像马丁——你看他协助罗莎被人了解，对他有什么样的意义。"

"马丁的确是个好人。他身体不方便，但却很有智慧。"

"你的确帮助了其他人，且做得很好，而且我赞成罗莎的说法，院方真的该聘用你。但是，"我停顿一下，好让我的句子更有力量："让别人能帮助你也很好，你光是帮助别人，却不让别人因为帮助你而得到帮助。罗莎说她想要跟你回家，让我觉得如果一直有你安慰该有多么好，我也会希望有这样的机会。但如果再多想一下，我就明白我永远没有回报你，帮助你，因为你从未抱怨，从未要求什么。"我再度停顿下来，"我永远也没有办法得到帮助你的快乐。"

"我从没有这样想过。"梅格诺莉亚深深颔首，她的笑容已经消失了。

"我说的是真话，不是吗？或许我们该做的就是让你学会诉苦，或许你需要被人聆听的经验。"

"我妈说我总把自己放在最后。"

"妈妈未必永远是对的，其实我不常同意妈妈的话，不过这一次你妈说对了。何不练习诉苦？告诉我们，什么样的事情让你难过？你想要怎么改变自己？"

"我的身体不好……那些东西在我身上爬来爬去，我的腿也不好，动不了。"

"这是个开始，梅格诺莉亚，我知道这些的确是你的问题，也希望我们大家能够帮助你，但我们帮不了你这个忙，说说我们可以帮你的事情。"

"我讨厌我的房子。乱七八糟的，它们赶不走，我不想回去。"

"我知道你不喜欢自己的房子，还有腿和皮肤。但这些东西不是你，只是你周遭的事物，而非真正的、核心的你。看看你的中心，你想要改变什么？"

"我对自己的生活不怎么满意，我有遗憾。你的意思是这样吗？"

"没错。"我拼命点头。

她继续说："我让自己失望。我一直想做个老师，那是我的梦想，但我却一直没当成。有时我心情低落，觉得自己一事无成。"

"但是看你帮丹尼尔和其他那些养子女所做的一切，这叫一事无成吗？"罗莎质疑道。

"或许是一事无成。丹尼尔没有成什么大器，就像他爸爸一样。"

罗莎打断了她。她一脸激动的模样——瞳孔放大，她向我说话，仿佛我是法官，而她是帮梅格诺莉亚辩护的律师似的："她从没有受教育的机会，亚隆医师，她才十几岁，父亲就去世了，母亲也失踪了 15 年。"

68

卡罗突然也插嘴，同样对我说："她得独自抚养七个兄弟姐妹。"

"不是独自，有人帮我——牧师、教会、很多好人。"

罗莎不理会梅格诺莉亚的抗辩继续向我说："约在一年前，我在医院认识梅格诺莉亚，出院后有一次我开车去接她，整个下午在外头兜风，穿过旧金山市郊的帕洛阿图、斯坦福、曼罗公园这些地方，一直到山上，梅格诺莉亚做导游，把这附近的一切都告诉我，还告诉我这里原来的风土人情，某些特别地方三四十年前发生过的事，这是我毕生最棒的一次出游。"

"你觉得罗莎的说法怎么样，梅格诺莉亚？"

梅格诺莉亚又温和下来："很好，很好，那孩子知道我爱她。"

"所以，"我说，"不管怎么样，不论你遭遇什么样的阻碍，你还是当成了老师，而且是个很好的老师！"

现在这个团体真的开始发挥作用了，我志得意满地扫视几位住院医师。我最后那一段话真是字字珠玑，是重新阐释的典范，希望这些小医师都听进去了。

梅格诺莉亚听进去了，她似乎深受感动，哭了几分钟。我们静静地坐在那里，表示对这一刻的礼赞。然而梅格诺莉亚接下来说的话却令我吃了一惊，显然我没有听懂她原先所说的话。

"你说得对，大夫，你说得对。"接着她却说，"你说得对，但也不对。我有个梦想，希望能成为真正的老师，领老师的薪水，有真正的学生，让他们叫我老师，这才是我的意思。"

"但是梅格诺莉亚，"罗莎说，"看看你的成就，想想丹尼尔和那些叫你妈妈的养子女。"

"那和我想要的，和我的梦想无关。"梅格诺莉亚尖声说，"我也有梦想，就像白人一样，黑人也有梦想！我对婚姻很失望，我希望和人相守一生，然而却只有 14 个月就结束了。我是个笨蛋，选错了人。他只喜欢他的酒。"

她朝着我继续说："老天作证，我从没有，一直到今天，从没说过我丈夫的坏话。我可不想我的丹尼尔听到关于他爸爸的坏话。但大夫，你说得对，你说得对。我也有牢骚，有很多期待，从没有如愿，从没有如愿。有时候我真觉得难过。"

她啜泣着，泪水滑下双颊，接着她转头凝视窗外，开始抓挠她的皮肤，先是轻轻地，接着用力地深挖："很难过，很难过。"她重复说道。

我感到一片茫然。我也像罗莎一样激动起来，我想要原先的梅格诺莉亚回来，她又抓又挠令我焦躁。她是想抓掉虫子，抑或是她的黑皮肤？我想抓住她的手，在她搔破皮肤前让她住手。

一阵很长的静默，接着她说："还有别的，只是都是私事。"

我知道如果稍加敦促，她会把一切都告诉我们，但对其他人而言，她说得已经够多了，太多了。罗莎烦恼的眼睛告诉我："拜托！拜托！够了！停止！"而我也受够了，我已经打开了盖子，但却不想向里头看。

两三分钟后，梅格诺莉亚停止哭泣，也不再抓挠。她的微笑慢慢地回到脸上，声音也再度柔和起来。"我想上帝给我们负担自有它的旨意。我们能试着想出它的旨意来，不是该值得骄傲吗？"

大家一片静默，全都把头——甚至连桃乐西也在内，转向窗外，显然是觉得不好意思。我一再地在心里重复：这次的治疗成果很不错：梅格诺莉亚面对了心中的魔障，现在似乎准备接受治疗了。

但我觉得自己亵渎了她。或许其他成员也有同样的感觉。我捕捉每一名成员的视线，默默地敦促他们开口。我搜索枯肠想把心头的亵渎感化为对这个团体有用的言辞，然而脑袋却是一片空白，最后只好放弃，以不知道在多少团体治疗中说过多少次的结语收尾："梅格诺莉亚已经说了很多，你们每一个人心里对她的话有什么感觉？"

我真恨自己说这些陈腔滥调。我跌入椅子里，只觉得难为情。我心知其他成员会有什么样的反应，绷着脸等他们公式化的回答。

"我觉得现在终于了解你了。"

"我觉得和你更亲近。"

"我觉得你是有血有肉的人。"

甚至一位住院医师也摆脱了他原本该扮演沉默观众的角色，插嘴说："我也是，梅格诺莉亚，我看到你成了完整的人，是我可以真正建立关系的人。见到有血有肉的你。"

时间到了。我得综合这次的聚会，提出阐释："梅格诺莉亚，这是很困难却很丰富的一次聚会。一开始你无法诉苦抱怨，或许是因为你不觉得自己有权利抱怨。你今天的尝试或许不怎么愉快，但这是真正进展的开始。重要的是你内心有许多痛苦，若能学着倾诉它们，像今天一样直接面对它们，你就不会用间接的方式来表达它们——说你的房子有问题、双腿有毛病，或是皮肤上有虫的感觉。"

梅格诺莉亚没有回答，只是直勾勾地看着我，眼里含着泪水。

"你懂我的意思吗，梅格诺莉亚？"

"我懂，大夫。我一清二楚。"她用一方小小的手帕拭眼睛，"我很抱歉抱怨半天。我或许应该先告诉你们，明天是我妈妈的忌日，她去年去世了。"

"我可以体会你的感觉，梅格诺莉亚，我的母亲上个月才去世。"

这话冲口而出，叫我自己也吃了一惊。通常我不会对不熟的病人讲自己的私事，或许我是想给她一些回馈。但梅格诺莉亚并不领情，团体解散了，门打开了，护士进来把病人推出去。我看到梅格诺莉亚坐着轮椅被推出去时，还一边抓挠不休。

在团体治疗后的讨论中，我享受辛苦耕耘的成果。几位住院医师对我赞不绝口，他们对我无中生有的本事佩服得五体投地。虽然病人没有多少意愿，也没有多少材料，但这个团体却有积极的互动：到会议结束时，原本无视其他病人存在的成员都开始相互关怀。住院医师也对我最后给梅格诺莉亚病情的阐释印象深刻。若她能够开口求助，她的症状就会消失，这些症状正是她拐弯抹角求救的象征。

你怎么办到的？他们赞叹道。尤其聚会开始时，梅格诺莉亚一副滴水不透的样子。这不难，我说，只要找到适当的钥匙，可以开启任何人的痛苦之门。对梅格诺莉亚而言，这把钥匙就在她最深刻的价值上——她对协助其他人的期待。我说服她让别人帮助她才能帮助别人，很快化解了她的抗拒。

我们边说，护理长莎拉边把头探进门来道谢："欧文，你又施展你的魔法了。想看温馨景象吗？走以前不妨去看看这些病人午餐的情形，他们全都肩并肩紧靠在一起。你对桃乐西说了什么？她竟和马丁和罗莎一起聊天，你相信吗？"

在我骑车回办公室的路上，莎拉的话还在我耳边回响。我知道今天早上做得不错，有千百个满意的理由。几位住院医师说得对：今晨的聚会非常好，不但鼓励成员改进他们的人际关系，而且也让他们更配合病房的治疗计划。

最重要的是，我让住院医师明白，没有所谓的无趣或空洞的病人（或团体）。每一个病人，每一个临床的情况，都隐藏着丰富的人生戏剧，心理治疗的艺术就在于启动这些戏剧。

但为什么这么好的成果却不能带给我个人的满足？我觉得有罪恶感，好像干了什么见不得人的勾当。我一心追求的赞美并不能抚慰我的心灵。学生总以为我很有智慧（其实是我刻意造成的印象），在他们眼里，我"睿智"地阐释，发挥我的"魔力"，领导群体时信手捻来，充满先见之明。但我明白真相：整个会议根本是我临机应变胡乱凑合的结果。病人和学生都把我看成非我能力所及的人物，我突然想到，在这个方面，典型的大地之母梅格诺莉亚倒和我不无相似之处。

我提醒自己，小就是美。我的工作是只带领一次团体会议，尽量对团体成员提供最大的帮助。我做到了吗？我从五名病人的角度来检讨。

马丁和罗莎？不错，我做得不错，我可以确定他们为这次会议所制订的计划已经完成了。马丁原本意气消沉，觉得自己已经没有价值，然而这次的会议使他改观；罗莎以为任何非厌食症患者都会误解她、控制她的观念，也已经粉碎。

桃乐西和卡罗？虽然她们表现被动，但却关切旁人的动静。或许她们可以借着旁观而获得治疗：看到其他人治疗生效，常可让病人在未来治疗时有良好的效果。

梅格诺莉亚呢？问题就在这里。我可曾帮助梅格诺莉亚？我帮得上忙吗？护理长先前的简报让我知道她对许多心理药物都没有反应，主治医师早已放弃对她进行心理治疗了。我为什么还要自找麻烦呢？

我帮上忙了吗？我真怀疑。虽然住院医师认为我最后的阐释"充满睿智"，但其实我却知道这不过是一番空话：我的阐释对梅格诺莉亚没有什么用。她的症状实在太严重——双腿莫名其妙的瘫痪、皮肤上的昆虫幻觉、幻想她家虫灾背后的阴谋，心理治疗早已派不上用场。就算在最有利的情况下——由经验老到的治疗师不计时日地协助，也不可能帮上什么忙，更何况目前情况拮据：梅格诺莉亚没有钱，没有保险，随时可能被送往养老院，而不会再有后续医疗。我的阐释对梅格诺莉亚未来的医疗会有所帮助，不过是幻想而已。

如此说来，我的"睿智"又有什么用？我滔滔不绝并不是为了解救梅格诺莉亚，而是冲着我的学生听众。她是我虚荣的牺牲者。

如今我逼近真相，但心头依旧不安。于是我转而检讨为什么自己的判断力如此差劲？我打破了心理治疗的基本规则：不要剥除病人的自我防卫，除非你有更好的可以取代。我这么做，背后的力量何在？为什么梅格诺莉亚对我如此重要？

　　我不禁怀疑这个问题的答案或许和我对母亲去世的反应有关。我再度回想当天会议的过程。我什么时候投注了私人的情感？是在看到梅格诺莉亚第一眼的当下：那个微笑，那双柔软的手臂。妈妈的手臂。它们多么吸引我！我多么期待被那双柔软如棉的手臂环抱安抚。还有那首歌，茱蒂·柯林斯的那首歌，怎么唱来着？我努力回想歌词。

　　然而浮现在我心头的不是歌词，而是早已忘怀的一个下午的经历。在我八九岁住在华盛顿时，周六下午常和朋友罗杰骑车去一个叫"老兵之家"的公园野餐。一天，我们合谋不带烤热狗，而去公园旁的民宅偷一只活鸡，就着公园林中升起的营火烤来吃。

　　不过首先要先宰鸡，这是我对死亡的启蒙。罗杰先用一块大石头砸鸡，这只鸡血流如注，被打得鼻青眼肿，却依然挣扎不休。我害怕极了，受不了这副景象，拔脚就跑，一切已经超过控制范围，我真想回头。就在当时当地，我失去了假扮大人的兴趣。我要妈妈，我要赶快骑车回家求她安慰，我想倒转时光，抹除刚才发生的一切，重新开始这一天，但这是不可能的，我只能站在一旁看着罗杰捏住鸡头，像舞大刀一般把它使得团团转，直到它最后静止下来。我们一定把它拔了毛，清理干净，用叉子叉住烤熟吃下，说不定还吃得津津有味。然而我虽清楚记得自己希望时光倒流，让一切重来，但究竟我们做了什么，却毫无记忆。

　　那天下午的记忆一直萦怀不去，我不禁自问为什么它存在记忆深处如此之久，却突然现在浮现？轮椅处处的医院团体治疗室和许久之前在老兵之家发生的杀鸡事件究竟有什么关联？或许是因为太过分的想法，就像我对梅格诺莉亚太过分了一样，或许是对时光永难逆转的了解，或许是对母亲的企盼、渴望，期盼有她护着我免于面对生死的现实。

团体治疗的余味苦涩，但我觉得已经接近它的源头：显然是我因为失去母亲而更加渴望母亲的安慰，正好契合梅格诺莉亚的大地之母形象。如果我剥除她的这一层面貌，摆脱她的力量，面对我企求安抚的欲望，会怎么样？那首歌，那首大地之母的歌——歌词片段重回我的脑海："若你能够收拾感伤，把它们全都交给我……你就可以摆脱它们……我知道怎么运用它们……把它们全都交给我。"傻气而幼稚。我只模糊记得当年这些歌词带给我的温暖印象，如今它们不再有魔力，虽然我努力回想那个形象，却徒劳无功。

我可以摆脱这样的印象吗？我毕生都在形形色色的大地之母怀中寻求慰藉。我把她们一一列举出来：濒死的母亲——即使在她呼出最后一口气时，我还是想从她那里得到什么，只是我不知道是什么；众多黑人管家，她们在我婴幼儿时期照顾我，只是如今名字早已忘怀；我的姐姐，虽然她自己也需要爱，却由她自己微薄的一点中分给我；称赞我的老师们以及和我共事三年的忠实分析师。

现在我更清楚地明白这些感受，姑且称为"反移情"（countertransference），使我几乎不可能对梅格诺莉亚提供不矛盾的治疗。如果我像对罗莎一样，不去理会她，只以小目标为满足，那么必然会责备自己偷懒而牺牲了病人，于是我采取相反的做法，去戳破她的自我防卫，结果现在又自责为了教学表演而牺牲了她。

我该做而没做的是，收拾起自己所有的情感，和她真正地面对面，和有血有肉的她，而非我加之于她身上的形象。

团体聚会后一天，梅格诺莉亚出院了，我正好看到她在门诊药房窗口等人。她戴着优雅的蕾丝小帽，用罗莎送的蓝色绣花毯盖住轮椅内的双脚，看起来非常普通——疲惫、褴褛，和她之前之后领药的长串人龙无所区别。我向她点头，但她没看到我，我继续向前走。几分钟后，我改变主意，回头来找她。她依然站在窗口，正把出院领的药放进膝上的小手提袋。我看着她转着轮椅朝医院出口而去，停在那里，接着打开皮包，拿出一方小手帕，拿下金边眼镜，优雅地拭去沿着两颊滑下来的眼泪。我向她走去："嗨，梅格诺莉亚，记得我吗？"

"你的声音听起来好熟？"她把眼镜戴回去，"等一下，让我看看你。"她凝视着我，眨了两三次眼，接着露出温暖的微笑："亚隆大夫，我当然记得你。你来看我真好，我一直想和你谈话，私下。"她指着长廊那头的椅子："我看到那里有张椅子你可以坐。我可以带着我的轮椅坐过去。你可以把我推过去吗？"

我们移到那边坐下，梅格诺莉亚说："你不要在意我的眼泪，我今天一直不停地掉泪。"

我担心是不是昨天的团体治疗有了反效果，为了遏止这样的恐惧，我柔声问道："梅格诺莉亚，你掉泪是否和我们昨天的团体医疗有关？"

"团体医疗？"她疑惑地看着我，"亚隆医师，你没忘记我在团体医疗最后说的吧？今天是我妈妈的忌日——一年以前的今天。"

"哦，当然，对不起，我有点迟钝，大概太忙了。"我松了口气，立刻又扮演我的专业角色。"你很想念她吧？"

"是的。你记得罗莎告诉你，我成长的那段期间，母亲弃我而去，她离开我 15 年后，有一天又突然出现。"

"她回来的时候，有没有好好地抚慰你，照顾你？"

"妈妈就是妈妈，不过她没有照顾我太多——正好相反，她去世时已经 90 岁了。其实和这些全不相关，只要她在那里就好了。我不知道……或许她代表什么我需要的东西吧。你明白我的意思吗？"

"我很清楚你的意思，梅格诺莉亚，我真的很清楚。"

"或许我不该说，大夫，但我觉得你很像我，你也想念你妈妈。大夫也需要妈妈，就像妈妈也需要妈妈。"

"一点也没错，梅格诺莉亚，你的第六感很正确，就像罗莎说的一样。你刚才说你本来想找我谈话？"

"是啊，谈你想念你妈妈，那是一件，还有一件就是我们的团体医疗。我想要谢谢你——就是这些。我从那个会议中得到许多收获。"

"你能告诉我是什么吗？"

"我学到了一些急迫的事物。我学到了我抚养孩子的任务已经完成——永远完成了。……"她的声音低沉下来，眼睛也望向回廊的那方。

急迫？永远？——这些突如其来的字眼令我觉得莫名其妙。我想要继续和她谈下去，却听到她说："哦，克劳蒂亚来接我了。"

克劳蒂亚把她推出前门，旅行车要送她去养老院。我送她到车道旁，看着她和轮椅上了车。

"再见，亚隆大夫，"她向我挥手，"多保重。"

奇怪，我边看着车子开走边想，我花了毕生时间要了解其他人的世界，却一直等到碰到梅格诺莉亚，才真正明白我们视为模范的人物也会受模范所折磨。其实他们会绝望，会为母亲去世而哀伤，也会嗟叹怨恨人生，他们甚至得伤害自己，才能停止奉献、不再施予。

第四章　治疗忧伤的七课

　　很久以前，我的老友厄尔打电话给我，告诉我他的知己杰克得了恶性脑瘤，无法开刀治疗。我还来不及同情，他就说："欧文，我今天打这通电话不是为自己，而是为别人。请你帮帮忙——对我来说很重要的忙。你能不能帮忙治疗杰克的太太艾琳？杰克就要走了，而且恐怕会走得很痛苦。艾琳虽然是外科医师，却一点也帮不上忙。她太清楚病情了，眼看着癌细胞一点一滴侵蚀他，却束手无策。他身后还会留下小女儿和诊所，她的未来一片黑暗。"

　　我虽然很想帮忙，但并不是那么容易。好的治疗必须划清界限，而我却既认识杰克也认识艾琳，虽然不熟，但我们在厄尔家的聚会中碰过几次面，还有一次一起和杰克看超级杯大赛，还一起打了几次网球。

　　我把这些考虑告诉厄尔，最后说："治疗你认识的人，最后总会一团乱。我最好帮你推介另一位医师，完全不认识他们一家人的医师。"

"我就知道你会这样说，"他答道，"我一再地告诉艾琳你可能不会答应，但她不肯去看其他医师，她拿定了主意，而且虽然她不怎么瞧得起心理治疗，却很肯定你。她说她关注你的成就，认定你是唯一一位够格治疗她的心理医师。"

"让我想想看，明天回你电话。"

该怎么办？一方面是友情的召唤：厄尔和我从未拒绝过对方任何的要求，但牵扯不清的顾虑又令我不安。厄尔和他太太埃米莉是我的心腹之交，而埃米莉又是艾琳的密友，我可以想象她们俩私底下如何议论我。没错：我已经听到警钟在响，但我却调低了它的音量。我会要求艾琳和埃米莉在治疗时期发誓保持缄默，虽然需要技巧又很复杂，但若我如她所想的那般聪明，应该难不倒我。

挂上电话之后，我不禁疑惑自己为什么忽视心里的警钟。厄尔在这个时候提出请求似乎正是天意：同事和我刚完成长达三年丧偶病人的研究，我们以 80 名丧偶男女为对象，经过我仔细的访谈，并以 8 人一组治疗。我们的研究小组追踪他们达一年之久，收集的资料堆积如山，还在专业期刊上发表了几篇报告。我自认为没有人对这个课题比我更了解。既然我是丧偶问题的专家，又怎能对艾琳的问题袖手旁观呢？

另一方面，艾琳的话也打动了我的心——我是唯一一位够格治疗她的医师，这话不偏不倚正中我的虚荣要害。

第一课：头一个梦

几天后我和艾琳会面，开始第一次的治疗。她是我所见过的最有意思、最聪明、最顽固、最苦闷、最敏感、最自大、最优雅、最努力、最直率、最坚持、最有勇气、最有魅力、最骄傲、最冷漠、最浪漫，也最气人的女性。

在第一次会谈进行到一半的时候，她描述前一晚刚做的梦给我听："我依然是外科医师，但也是英文系的研究生。上课前我得先预习两篇文章，一篇是古文，一篇是现代文，两篇文章的名称都一样。但这两篇文章我都还没有读，因此还没准备好上课讨论，尤其古文那篇，我一点概念都没有，但非得先读那篇，才能懂第二篇。"

"其他你还记得什么？艾琳？"我问道，"你说两篇文章名称都一样，还记得名称是什么吗？"

"记得很清楚。两篇都叫作'天真之死'。"

我边听艾琳说话，边陷入想象。她这个梦简直是心理分析师的天赐礼物，是我们耐心聆听无数乏味冗长难解梦境之后的回报。就连最不耐烦的治疗师都会欣喜若狂。两篇文章——一篇旧的，一篇新的，棒极了，得先读旧的那篇才能懂新的那篇，棒极了，篇名"天真之死"，太棒了。

艾琳的这个梦不只是一场智慧的寻宝游戏，也是她向我提出的第一个梦。弗洛伊德认为，病人提出的第一个梦常能透露许多讯息，因为刚开始心理分析的病人还没有防御心理，他们的梦境未经修饰，天真烂漫。等治疗师展现解梦的技巧之后，潜伏在我们潜意识里的做梦者就会提高警觉，严加戒备，编织出更复杂而更令人困惑的梦境了。

在弗洛伊德的影响之下，我总把织梦者想成是一个丰满快活的小侏儒，在各种神经树突、轴突之间过着舒服的生活。他白天睡觉，但一到夜晚，他就靠在一堆嘶嘶响的神经键上，边啜饮琼浆玉液，边懒洋洋地为主人编织梦境。在第一次治疗前晚，主人怀着各种矛盾的思绪入睡了，小侏儒一如往常展开工作，轻快地把主人的恐惧和希望编成一目了然的简单梦境。后来这个小侏儒发现治疗师轻而易举就破解梦的密码，他虽优雅地向可敬的对手脱帽致敬，此后却小心翼翼，把梦的意义深深埋藏在夜幕的掩饰里。

这是个可笑的故事，典型 19 世纪的拟人想象，把弗洛伊德抽象的心理架构化为独立自主的具体精灵。我不该相信这样的故事！

几十年来，许多人都认为会见心理医师时的头一个梦是宝贵的数据，整个精神状态化为梦的语言传达，弗洛伊德甚至说，能完全阐释头一个梦境，就相当于整个治疗。

在我开始精神科住院医师生涯后不久自我分析的头一个梦境，40 年后的今天依然栩栩如生地存在我的记忆里。

"我躺在医师的看诊台上，床单太小，无法把我全部遮住。我可以看到护士把一根针插进我的小腿。突然发出一阵好像要爆炸的嘶嘶声响——呜——嘶。"

对于这个梦的核心——呜——嘶的声响，我耳熟能详。小时候我有慢性鼻窦炎，一到冬天，妈妈就会带我去找戴维斯医师清洗鼻窦，我真恨他那黄板牙和透过耳鼻喉科医师看诊头套透过来的贼溜溜的眼睛。他把管子插入我的窦孔，我只觉得一阵剧痛，接着随盐水冲入，只听到震耳欲聋的呜——嘶声，眼看着盘中冲出的那一团恶心物质，我觉得自己的脑子也随着脓和黏液被冲出来了。

就如弗洛伊德所说的，我的头一个梦境经过多年层层的分析：我对暴露自我、丧失心神、遭到洗脑的恐惧，害怕坚实的身体部位（以胫骨为代表）受到重伤。

弗洛伊德以后的许多心理分析师都警告，不要太快阐释头一个梦的意义，以免初步的解析和面对潜意识的经验吓坏病人，使他们完全丧失做梦的能力。在我看来，这样的警告与其说是为了增进治疗的效力，不如说是要保护分析者的利益，因此我总是当耳边风。

20世纪40～60年代，精神医学以戒惧恐惧的分析法当道，因此刚加入这行的新兵充满敬畏之情，反倒压抑了自然的反应和效果。我觉得这种做法会妨碍和病人建立同理心关系的大目标，因此造成反效果。在我看来，弗洛伊德警告我们不要在建立医患关系之前先讨论病情，似乎有违常理：讨论梦的含义不正是建立医患关系的良好管道吗？

因此，我直截了当切进艾琳的梦里：

"你两篇文章都还没有预习，"我说，"尤其是古文的那篇。"

"对，对，我猜你就会问这个。当然，我知道这不合道理，但梦里就是这样。我还没有预习功课——两篇都没读，尤其没有碰古文的那篇。"

"可以让你了解现代文的那一篇。这两篇在你生命中有什么意义？你有没有什么想法？"

"我很清楚它们的意思。"艾琳说。

我等着她继续说，但她只是静坐着，凝视窗外。那时我还不明白艾琳有个毛病，如果我不直接提出问题，她是不会自动回答的。

我焦躁地等了一两分钟，最后不禁问道："艾琳，那两篇文章的意思是——"

"我哥哥在我 20 岁时去世，是那篇古文，而我先生过世，则是新课文。"

"因此，这个梦是告诉我们，如果不先面对你哥哥的死，就无从面对你先生的死。"

"没错，正是如此。"

讨论这头一个梦境的重点不仅在于治疗内容，也在于治疗过程，亦即医患关系的建立。艾琳总是深思熟虑，而且直言不讳，问她问题总能得到发人深省的详尽回答。她知不知道这两篇文章的名字？知道。她了不了解为什么非得先读古文，才能了解现代文那篇？当然了解。在长达 5 年的治疗期间，我问的每一个例行问题，"你对这有什么看法？"或是"你现在想到什么？"都可以得到丰盛的收获。艾琳的答案总是一针见血，使我想到小学五年级时的费娜德老师，她总是一边说"快点，欧文"，一边不耐烦地轻踏着脚，算着时间，等我做完白日梦，跟上课堂的进度。

我把费娜德老师逼出脑海，继续说："'天真之死'对你有什么意义？"

"想想看才 20 岁的我，正把哥哥当成人生旅途上的良伴，车祸却夺走了他的性命。接着我碰到了杰克。现在 45 岁的我又要失去他。你想想看，我的父母亲都已经年逾 70，却还在人世，而哥哥却死了，先生也濒死。时间似乎倒错了，白发人送黑发人。"

艾琳说起她和年长两岁的哥哥艾伦兄妹情深。在她少女时期，哥哥一直都是她的保护者、知己、导师，是每个少女梦想的理想兄长。然而他却在波士顿街上遇车祸而死。她告诉我警方打电话到她和大学室友同租小屋时的情景，那一天的每一个细节都永远冻结在她心里。

"我记得点点滴滴，楼下的电话声响，我那件粉白相间的绒线浴袍，我走下楼梯到厨房边挂电话的墙边时，羊毛拖鞋啪啪的声音，楼梯木栏杆平滑的触感。我还记得心里想着这些木头是被在我之前的租屋学生摸得如此光滑润泽。接着我听到男人的声音，那个陌生人尽量柔声告诉我艾伦的死讯。我呆坐数小时，凝望玻璃倾斜的窗户，迄今依然能看到院子里积雪的彩虹色泽。"

在治疗的过程中，我们还会一再地回到这个梦和"天真之死"的意义。哥哥的死在她的记忆里留下永难磨灭的痕迹。死亡毁了她的天真，孩提时代的神话全部破灭：天理、确定的未来、慈爱的上帝、万物的自然程序、双亲的保护、安全的家。艾琳孤单一人面对生命的无常，只能力求平安。她觉得如果艾伦急救得当，应该得以存活，医学向她招手，因为这是唯一能克服死亡的希望。在艾伦的葬礼上，她突然决定申请医学院入学许可，要做外科医生。

艾琳在艾伦死后所做的另一个决定，对我们的治疗工作有很大的启发。

"我想出一个免于再受伤害的方法：如果不再在乎任何人，就绝不会再有这么惨痛的损失。"

"你怎么在生活中实践这样的决定？"

"接下来 10 年我不依恋任何人，不冒任何险。我认识很多男人，但总是很快地切断情感——在他们开始认真，也在我开始动情之前。"

"但后来你结婚了？这是怎么发生的？"

"小学四年级我就认识杰克，而且一直就认定他。纵使他后来从我生命中消失，娶了别人，我也知道他会回到我身边。我哥哥认识他，也敬重他，我想你可以说，我哥哥认可了他。"

"所以你觉得，有艾伦的认可让你愿冒结婚的风险？"

"没那么简单。这个过程花了很长很长的时间，即使如此，我还是不肯嫁给杰克，直到他答应绝不会早死。"

我以为艾琳是在反讽人生所开的玩笑，因此含笑向她点头，也期待她会微笑响应，但她并没有，她说这话是非常认真的。

这样的情景在治疗过程中，还会一再地发生。我总是扮演理智之声的角色，面对她的不理性，和她争辩，要唤醒她经过科学磨炼的心性；有的时候我也等着她自己觉醒。但不论我怎么做，结果都一样：她绝不让步分毫，我一直不能习惯她的双重性格，在她荒谬的不理性烘托之下的清明理智。

第二课：尸体之墙

若说艾琳的头一个梦预示了我们未来的关系，那么她在治疗第二年所做的梦则正巧相反，这朝后射的光线燃亮了我们一起走过的路。

"我在这间办公室里，坐在这张椅子上，但我们之间却有一堵奇怪的墙，我看不见你。起先我也看不出墙来，因为它形状不规则，有很多缝隙和凸起。我看到一小块布，红色的格子；接着我又认出一只手，再来一只脚和膝盖。现在我知道它是什么了——一堵人墙，尸体相叠的人墙。"

"你梦里有什么感觉，艾琳？"这几乎总是我的头一个问题。梦里的感觉总会直逼问题的核心。

"不舒服，可怕。最强烈的感觉发生在一开头——我看到这堵墙，心头茫然之际。孤单——迷惑——恐惧。"

"说说墙的模样。"

"听起来好像很令人毛骨悚然，就像集中营里的一堆尸体。那块红格子布，我认得这个花色，那是杰克去世那晚所穿的睡衣。但其实这堵墙并没有那么可怕，它只是在那里存在，我正在研究它，检视它，这样甚至还减轻了我的恐惧。"

"我们之间一堵尸体堆成的人墙——艾琳，你怎么解读它？"

"没什么神秘的，整个梦境都没什么神秘之处，只是我一直有的感觉而已。这个梦说的是，你因为这些尸体而无法真正看清我。这么多死亡，你无法想象。你从来没有经历过这些！你的生命中从无悲剧。"

艾琳失去的亲人越来越多。先是她的哥哥，接着是她的先生，他在我们开始治疗那一年年底去世。几个月后，她父亲也诊断出癌症晚期，不久她母亲也罹患阿尔茨海默氏症。接着，在她治疗略有起色时，20 岁的教子——她堂姐的独子，因乘船意外溺毙。就在伤逝的痛苦与绝望中，她做了上述尸体墙的梦。

"说下去，艾琳，我正在听。"

"我的意思是，你怎么能了解我？你的人生美好得简直不像真的——温暖、安逸、纯洁，就像这间办公室。"她指着身后整整齐齐的书架，和窗外枣红色的日本红槭。"只缺几个棉布垫子、火炉和哔哔剥剥的炉火罢了。你的亲友环绕着你，全都在这同一座城里，这个家庭圈子完整无缺。你怎么能了解失去亲人的痛苦？你以为自己可以处理得更好吗？假如你太太或儿女现在突然死亡，你会怎么做？甚至连你这件装模作样的条纹衬衫——我恨它。你每一次穿它，我都退避三舍。我痛恨它所象征的意义！"

"它的意义是什么？"

"它说：'我所有的问题都解决了，谈谈你的问题吧。'"

"你以前曾谈过这样的感受，但今天它们却很强烈。为什么是今天？为什么你现在会做这样的梦？"

"我告诉过你我要和艾瑞克见面，昨天我和他共进晚餐。"

"后来？"我敦促她继续说。她常常有这种恼人的停顿，仿佛意味着我该自行明了艾瑞克和这个梦境之间的关系。其实她只提过这个人一次，他太太 10 年前去世，她在丧偶课题的演讲上认识他。

"后来他证实了我常说的那些话。他说你对我经历杰克之死的说法根本不对。你没有这样的经历，也用不着克服这样的痛苦。艾瑞克已经再婚，还有个五岁的女儿，但伤口依然疼痛流血。他每天都会和亡妻谈话，他了解我。我相信唯有身历其境的人才能了解。有一个地下会社——"

"地下会社？"我插嘴问。

"由真正了解的人所组成的，全都是丧偶者。你一直教我要忘记杰克，重度人生，找个新伴侣，这是错的。是像你这样从未失去亲人的人才会犯自以为是的错误。”

“因此，唯有丧偶者才能治疗丧偶者？”

“唯有曾经经历过的人。”

“我一进这行就听过这样的谬论！”我不禁向她发作：“唯有酒徒才能治疗酒徒？吸毒者才能治疗吸毒者？是不是非得饮食失调，才能治疗厌食症患者？或是躁郁症、疯子，才能治疗精神失常的人？精神分裂的人才能治疗精神病患？”

艾琳知道怎么引爆我。她有非常敏锐的直觉，一下子就找到激怒我的方法。

“哦，别来这套！”她反击，“我是大学辩论队长，我可知道这是归谬法！但这没有用，承认吧！你知道我说的是实话。”

“不，我可不同意。你根本忽视了治疗师的训练！我们的训练就是针对这个——要敏感，要有同理心——要能够进入另一个人的世界，体会病人所体会的经验。”

我气坏了，而且我也学会不要压抑自己的怒气，这种情况下我们反而能有更好的进展。有时她来我办公室，抑郁消沉，连话也懒得说，但一旦我们抬起杠来，她就生气蓬勃。我知道我是在扮演杰克的角色，他是唯一敢大胆对抗她的人。她对别人总是冷如冰霜，叫人胆寒（她属下的外科住院医师都称她为“女王”），但杰克却从不屈服。她告诉我他从不隐藏他的情绪，常常气得走出室外，边喃喃自语：“我可没空听这些胡说八道。”

我不只因为她坚持唯有丧偶者才能治疗丧偶病人的理论气结，也对艾瑞克丧偶之痛永无了时的说法感到愤怒。这成了艾琳和我不断争辩的课题。我采取非常稳健的立场，认为哀悼的过程应该包括逐渐忘却逝者，把心力转向其他人。弗洛伊德1915年在《哀悼和忧郁》(*Mournning and Melancholia*) 中首次说明了这样的观念，此后许多临床和经验研究也都支持这种观念。

在我接下艾琳病例之前才刚结束的研究中，每一名丧偶者都能逐渐忘却已逝的伴侣而重新出发，把心力投向其他事物或其他人，即使情感最甜蜜的夫妻亦然。我们甚至还找到许多证据，发现婚姻最幸福的女士在丧夫之后，经历伤痛的过程反倒比婚姻冲突激烈的女士来得容易。（我认为这种矛盾的主因在于"悔恨"，和错误对象结婚的人在丧偶之后心境往往更复杂，因为他们也为自己虚掷的岁月悲哀。）艾琳夫妻情深，因此我原本预期她克服伤痛应该比较容易。

然而心理学者对丧偶处理的传统态度，却引起艾琳强烈的反感。她痛恨我重新出发的理论，对我的研究亦嗤之以鼻："我们丧偶的人早就知道该如何应付学者。我们早知道全世界都希望我们赶快复原，大家根本懒得理睬那些伤痛过久的人。"

她痛恨要她忘怀杰克的建议：在他去世两年之后，他的私人物品依然放在他的书桌抽屉里，他的相片挂满房间，他最爱读的书报杂志也都在老地方，而且她每天依旧和他长时对谈。我担心她和艾瑞克的谈话会使她加强我做法错误的想法，使得治疗更加困难。要说服她终将复元，似乎已经不可能。至于她所谓丧偶者的秘密会社则纯属无稽的想象，不必浪费唇舌。

但一如往常，艾琳的说法的确有一部分一针见血。有人说，瑞士雕刻家加柯梅蒂（Alberto Giacometti, 1901—1966）发生车祸倒在地上等救护车时喃喃自语："终于,终于有祸事发生在我身上了。"我很了解他指的是什么。艾琳说得没错。在斯坦福大学执教30年来,我一直住在同一栋房屋,看着子女安全地成长,从不需要面对人生的黑暗。我从未面对亲友早逝的情况,父母高龄才去世(父亲70岁,母亲90多岁)。比我年长7岁的姐姐健康良好,我从没有痛失知己的经验,四个儿女也都承欢膝下,各自发展顺遂。

对于接受存在之荒谬的学者而言,这样安逸的生活反而是负债。有许多次,我都渴望踏出大学的象牙塔,体验真正的世界。多年来我都期待能够休假一年,去当蓝领工人,如在底特律驾驶救护车,或是到曼哈顿小店中当个厨师,但从没有做到。我对同事在威尼斯的公寓或是康波湖畔学校的奖学金魅力总无法抵挡。我甚至也从没有和妻子小别,体验孤寂的生活。我15岁就邂逅了玛莉琳,一眼就相中她是我未来的妻子(我甚至还和最好的朋友打赌50美元会娶她——8年后果然收到彩金)。我们的婚姻虽非一直平静无波,但终我一生她都在我身边支持我。

有时我偷偷羡慕有勇气彻底改变生活的病人,他们搬家、辞职、改行、离婚、重新开始人生。我担心自己只是旁观者,也疑惑自己会不会偷偷鼓励病人为了遂我的愿而大胆改变人生。

这一切我都曾告诉艾琳,别无隐瞒。我告诉她,她对我生活的看法没错——在某个程度之内。

"你说我对悲剧完全没有经验,这并不正确。我尽我所能让悲剧更近我一步。我不断想到自己的死亡,和你在一起时,也经常想象万一我太太病危的景况,每一次我都有难以形容的悲哀。我很清楚自己已经进入了人生的另一个阶段,提早由斯坦福退休的决定是不可能改变的。一切的老化迹象——膝韧带的拉伤、视力衰退、齿危、发秃、背痛、挥之不去的死亡梦魇，这一切都告诉我，我已经迈向人生的终点。"

"艾琳，10年来，我刻意选择因癌症而濒死的病人为治疗对象，就是希望他们能让我更接近人生的悲剧核心。而我也的确如愿。我深深体会自己死亡的经验。"

艾琳颔首。我认得这样的姿态——下颚突然急拉，接着是两三下较温柔的点头。这是她的摩斯密码，意味着我的回答还算合理。我已经暂时通过考验。

但我还没有说完："艾琳，我想你的梦有更深的意义。"我拿出笔记（由于梦境很容易忘怀，病人常立即压抑或扭曲，因此我在治疗中唯一做的笔记，就是关于梦境的记录），大声念出她梦境中的头一段："我在这间办公室里，坐在这张椅子上。但我们之间却有一堵奇怪的墙，我看不见你。""我注意到的是，"我继续说，"最后这个句子，在梦里你看不见我。但在我们讨论这个梦的整个治疗过程中，却正巧相反——是我看不见你。让我问你：几分钟前，我说我年老体衰，膝盖、眼睛……"

"对，对，我全都听到了。"艾琳催着我快点说下去。

"你听到了，但一如往例，我每一次谈到自己的健康，你就目光呆滞。就像我眼睛动手术之后的那几周一样，你从不问我手术怎么样，或是我的健康情况如何。"

"我没有必要问你这种问题，在这里我才是病人。"

"哦，不，不只是这样，不只是因为缺乏兴趣，不只是因为你是病人我是医师，你是在逃避我，你阻止自己对我有所认识，尤其是贬抑我的事。打从一开始我就告诉你，因为我们先前的社交关系，也因为我们共同的朋友厄尔和埃米莉，因此我无法在你面前隐藏我自己。但你却从未表达任何想了解我的兴趣，你不觉得这有点奇怪吗？"

"我开始来找你的时候，就决定绝不再让任何我所在意的人再从我眼前消失。我不能再承受这个，因此我只有两种选择……"

一如惯例，艾琳又停了下来，仿佛我该明白她接下来的意思似的。虽然我不想催她，但目前最好保持对话的流畅。

"哪两种选择？"

"呃，不让你影响到我，但那是不可能的。要不然，就是不要把你当成有自己故事、有血有肉的人。"

"有自己故事？"

"是的，人生的故事——有头有尾。我想让你独立于时光之外。"

"今天你也像平常一样，走进我的办公室，一屁股坐下，一眼也没看我。你总是避开我的目光。那就是你所谓的'独立于时光之外'吗？"

她点点头："看到你就会让你太过真实。"

"而真实的人就会死亡。"

"现在你明白我的意思了。"

第三课：因伤痛而起的愤怒

"我刚接获通知，艾琳，"一个下午，我这么开始治疗过程对话，"我的姐夫刚刚去世了。突然因心脏病去世。我感到非常震撼，不太能够集中心神——"我听到自己的声音颤抖——"不过我会尽力进行我们的讨论。"

这些话很难出口，但我别无选择。

莫顿是我唯一一个姐姐的丈夫，自我 15 岁起就和他结为莫逆。姐姐中午打电话通知我这个噩耗，我立即订了下一班飞往华盛顿的飞机去陪她。在我取消接下来几天预约的会面时，觉得和艾琳两小时的会谈之后，应该还有时间去赶飞机，该不该保留这次的会谈呢？

在我们进行治疗的三年期间，艾琳从没有迟到或不来，甚至在杰克的肿瘤残害他脑部和人格的可怕时刻亦然。虽然经历她丈夫死亡的折磨，但艾琳一直都信守治疗的时间。我也一样，在我们第一次诊疗时，我答应她："我会和你一起度过这个过程。"而且也尽我所能去做。因此在这悲哀的一天，我的做法应该很明白：我要和她会面，而且坦诚告诉她我的处境。但艾琳并没有回答我。在我们默默地坐了几分钟之后，我敦促她："你在想什么？""我在想，不知道他多大年纪？""70 岁。他刚打算由医界退休。"我停下来等待。等什么？或许是符合一般礼仪的安慰，或甚是对我虽在悲哀心绪下依旧愿意见她的感激。

一阵沉默。艾琳坐着一句话也不说，双眼盯着地毯上一小块咖啡渍。

"艾琳，今天你我之间的关系如何？"我每一次治疗都会问这个问题，因为我觉得没有任何事比探索我们之间的关系更重要。

"他必然是个好人。"她双眼眨也不眨地说，"否则你不会觉得这么难过。"

"哦，艾琳，拜托，说真话。你心里头在想什么？"

她突然朝我看，双眼燃着怒火："我先生 45 岁就去世了，如果我能够每天依旧上开刀房，照顾病人，教导学生，那么你当然也可以坐在这里治疗我！"令我震惊的倒不是她的言词，而是她的声音。这粗哑、深沉的声音不是艾琳，这不是她的声音，而是电影《大法师》中被超自然力量魅惑少女的喉音。我还来不及开口，艾琳就弯身去拿皮包。"我要走了！"她说道。我小腿的肌肉紧绷，我猜若她夺门而出，我必然会一把把她扑倒。"不行，你不能走，不说清楚不许走。你非得在这里把话讲清楚不可。"

"我不能，我做不到，不能和你待在这里，不能和任何人相处。"

"这里只有一条规则：把你心里想的事情说出来。你做得很好，从来没有这么好过。"

她把皮包放回地上，跌坐回椅上："我告诉过你，在我哥哥去世后，我和男人的关系总是这样结束。"

"怎么样？再说一次。"

"他们总是遭逢一些不幸、一些问题，比如生病了之类的，接着我就发作了，把他们赶出我的生活。迅速切除，干净利落。"

"因为你会拿他们的问题和失去艾伦的巨大痛苦相比？那会使你难过？"

她点头赞同："主要是这个，我很确定。此外，我也不想让他们影响我。我不想听他们那些鸡毛蒜皮的问题。"

"今天和我的关系呢？"

"把它涂上红色！愤怒！我想朝你脸上掷东西！"

"因为我拿我所丧失的和你所丧失的相比吗？"

"是的，接着我又想到等我们结束治疗，你可以带着你的伤悲踏着花园小径回到你太太身旁，她会在你整洁、温馨的生活中抚慰你，于是我就无名火起。"

我的办公室就在我家附近几百尺，是一间舒适的红瓦小屋，周遭是绿树繁花。虽然艾琳爱我办公室的静谧，却也常出语讽刺我如诗如画的生活。

"我生气的不只是你，而是任何一个生活平静、生命完整的人。你曾告诉我有些寡妇痛恨自己不再拥有任何角色，在朋友聚会时成了多余的人，但重要的不是这个，而是痛恨拥有人生的所有人，这是嫉妒，是痛苦。你觉得我喜欢自己这样吗？"

"刚才你打算夺门而出之际，曾说自己不能和任何人相处。"

"哦，是吗？你会想和任何因你妻子还活着而恨你的人相处吗？有人会想让那种人留在身旁吗？黑色的污渍？——记得吗？没有人想被污渍污染，不是吗？"

"我不是挡住你，不让你走吗？"

她没有回答。

"我在想，你一定会觉得百感交集，一边很愤怒，一边又很亲近，很感激。"

她点头。

"大声一点，艾琳，我根本听不见。"

"我不知道你为什么告诉我姐夫去世的消息，觉得百感交集。"

"你似乎有点疑心。"

"非常。"

"有没有什么意见?"

"很多,我猜你想操纵我,看我有什么样的反应,测验我一下。"

"难怪你发起火来。或许我该原原本本把我今天听说姐夫死时心中的想法告诉你。"我告诉她自己怎么取消了原订所有的约诊,但依旧决定和她会面,也告诉她原因。"我不能取消,因为你不论如何总有勇气来看我。但是,"我继续说,"我依然得面对一边见你,一边因痛失亲人而难过的问题。"

"因此,我该怎么办?艾琳?封闭自己,退缩逃避你?这比取消约诊还糟。一边要诚实待你,一边又隐瞒这件事?不可能,这一定会造成悲剧:很早以前我就明白,如果两个人之间发生什么大事而不说清楚,那么绝对会言不及义。这个空间"——我比画了一下两人之间的空间:"我们非得保持它空旷、清楚不可,这是我的也是你的责任。因此,我直截了当告诉你所发生的一切,我尽量直接——没有操纵,没有测试,没有隐藏的动机。"

艾琳再一次点头,让我知道我的回答合情合理。

在我们结束约谈前,艾琳向我道了歉。下一周,她告诉我她把一切告诉了朋友,朋友对她的无情大感震惊,因此她再次向我道歉。

"不需要道歉。"我是真心这么想,甚至还觉得这使我和她更亲近了一点。她也因此坦白了她对我的看法,或至少是部分的看法,我希望有一天我也能得知她对我的其他想法。

艾琳的愤怒程度既深且广。早在我们第二次治疗,我就已经领教过了。虽然它偶尔才会发作，但却一直在酝酿。起先我并没有很在意，因为我对此曾做研究，明白这样的愤怒就像罪恶感懊悔或排斥感一样，无须过虑，很快就会消失。然而这一次研究结果却失灵了。我发现统计的数据和有血有肉的艾琳根本毫不相干，我们之间的互动也和研究上所说的完全不同。

在我们的治疗进入第三年后，我有一次问她："我们上一次谈过之后，你有什么样的感觉？这周有想到我吗？"这样的问题用意是把治疗的重点引到此时此地，在我和病人之间。

她静静地坐了一会儿，接着问道："你在两次诊疗之间，曾想到过我吗？"虽然这个大部分治疗师都害怕的问题并不罕见，但我却没想到艾琳也会提出来。或许是因为我没想到她竟然会在乎，或者承认她在乎。

"我——我——我常想到你的情况。"我有点结巴，这真是错误的答案！

她呆坐了一会儿，接着站起身来："我要走了。"她边说边把鞋子跺得震天响，还不忘把门呼地一声甩上。

我透过窗户看到她在花园里踱步吸烟，我坐着等。其实治疗师满可以用"你为什么问？""为什么现在问？"或"你希望我怎么回答？"之类的问句把问题丢回去，但像我这样期待更平等、更透明关系的治疗师，可没这么简单。或许是因为这个问题显露了治疗的极限：不论治疗师多么真心诚意，多么亲密，多么诚实，双方依然有一条不可跨越的鸿沟，那就是：治疗师和病人之间立足点原本就不平等。

我知道艾琳恨我把她想成一种"情况"，也恨她自己让我对她这么重要。当然,我原本可以敏感一点,用比情况更温情的字眼,但我认为不论我做什么样的回应,都不能给她她所想要的。她想要我有其他的反应——更亲近的想法,或许是溺爱,对了,就是溺爱。

等她吸完烟,泰然自若地走回来,坐在椅子上,仿佛什么都不曾发生似的。我则继续请她看看现实。

"当然,"我实事求是地指出,"病人想到治疗师的时候总比治疗师想到病人的时候多。毕竟治疗师有许多病人,而病人却只有一位治疗师。在我接受治疗的时候,也有同样的情况,在你动手术的时候,病人和学生不也会有同样的情况?你在他们心里不是重于他们在你心里?"

其实真正的情况并不那么简单。我没有告诉她治疗师在两次治疗之间,的确会想到病人的事实,尤其是有问题而使治疗师困扰的病人。治疗师有时候会思索自己对于病人的情绪反应,或是疑惑该采取什么样的治疗技巧。(对于病人有强烈愤怒、爱恋等反应的治疗师,则该和同事、朋友、专业顾问讨论或另找治疗师讨教。)

我没有告诉艾琳,其实我常在两次治疗之间想到她。她令我感到迷惑。我为她忧虑。为什么她的情况没有好转?我所治疗的大部分丧偶女士在一年之后都有了进步,到第二年年底,每一个都有长足进展。但艾琳可不一样,她的绝望越来越深,她的生活毫无欢乐。每天晚上她哄睡女儿之后,总会和亡夫来上一段长久的对话。她拒绝所有结识新朋友的机会,想也没想和其他男人重新发展情感的可能。

我是没什么耐心的治疗师，挫折感越来越大，而我也越来越关注艾琳：因为她所受的折磨令我心惊，我担心她会自杀。我相信若非因为女儿，她可能早已经了结自己的生命。有两次，我请同事为她做正式的诊疗。

虽然我为艾琳突然爆发的伤痛愤怒所苦，但更难处理的是虽然较温和但更常发生的愤怒情绪。她对我的牢骚越来越多，我们很少能共度一个小时，而不相互发怒。

她非常不谅解我想让她忘却杰克，重新找出生命重心，认识其他男性的做法。而由于我们之间深厚的关系、共享私密的经验、相互的争斗和共同的关怀，使她对我的情感和对杰克的情感最为相近。在一个小时的治疗之后，她痛恨自己又得重回既没有我也没有杰克的生活，因此每次治疗的最后，总是情绪激动。她恨我提醒她我们的关系有其界限，不论我如何暗示她时间已经到了，她都会爆发："你说这算真正的关系？根本是假的。你看着钟，时间一到就把我踢出来！"有时在诊疗结束时，她端坐原处，怒目而视，拒绝移动。不论我怎么恳求她理智——指出时间安排的重要，提醒她自己也要照顾病人，建议由她来计时结束谈话，或是重复说明这次诊疗时间结束并非象征着拒绝她，她就是不听。最后她总是怒气冲冲地离开我的办公室。

她气我对她的重要性，也气我不肯做一些杰克曾做的事，比如恭维她的优点——容貌、机智、聪颖。我们常因此发生冲突。我觉得复诵这些赞美之词简直是把她当小孩看，但她却非常坚持，我通常都会屈服。我问她要我说些什么，然后再把她的话复诵给她听，尽量加一点我自己观察到的内容。然而在我看来宛如猜哑谜的这种游戏，她却甘之如饴，而且立即振作起精神，只是这只能维持一下，下一次见面时，她会要求我再来一遍。

她气我自以为了解她。若我为了粉碎她的悲观态度，以我研究的结果为证提醒她，她所经历的过程既有开头，也会有终结，她就会勃然大怒："你把我当成物品，完全没有考虑我独特的人格。"

只要我对她的复原抱持乐观的态度，她必然指责我想要她忘记杰克。

若向她提到另行结识其他人的可能，更好像误触雷区。她对所邂逅的男人都心存轻视，若我劝她不要妄加论断，她就愤怒不已。只要我提出实际的建议，就会引起她火爆的脾气："若我想约会，自然知道该怎么做！朋友就可以给我这方面的建议，为什么还花大钱请你？"

只要我对任何事提出具体的建议，她就要生气："不要左右一切！我爸爸一辈子就是这样。"

她也气我对她进展缓慢的不耐，和我未能看出她私下所做（但却从没向我提过）的努力。

艾琳要我健康强壮，任何一丁点小毛病——扭到背啦，膝盖动个小手术啦，感冒啦，都会使她小题大做。虽然我知道她是担心我，但她却隐藏得很好。最重要的是，她气我健在人世，而杰克却已经撒手人寰。这一切对我都很难承受。我从来不喜欢和人吵架，在生活中也都极力避开发怒的人。我爱深思熟虑，而和人冲突会让我思绪缓慢。在我的生涯中，总避免公开辩论，也从不愿接受科、系主任的职位。

因此，我怎么应付艾琳的怒意呢？一方面我秉持治疗的金科玉律，把角色和个人分开。通常病人对治疗师的愤怒是针对后者的角色，而非针对他这个人，刚出道的治疗师常受教："不要把它当成对人。"试着分辨角色和个人之间的差别。艾琳的愤怒很明显是针对其他的事物——人生、命运、上帝、天道的无常，只是发泄在最接近的目标——她的治疗师，我身上。艾琳知道她的怒气叫我受不了，而且也以各种方法表达。例如，有一天我的秘书因为我得看牙医而拨电话给她，重新安排诊疗时间，她的回答是："好啊，比起看我来，看牙医可能快乐多了。"

但或许我没有被艾琳的愤怒吓倒，主要的原因在于我知道那是为了掩饰她深沉的悲哀、绝望和恐惧。她向我发脾气之时，我有时会只凭反射不耐烦地响应，但更常是以同理心面对。艾琳的影子和话语常在我心头，其中一个总能让我态度软化。那是她所做的一个机场梦境（在她先生死后头两年，她在梦里常在机场游荡）。

我在机场里狂奔，寻找杰克。我既不知道他搭哪班飞机，也不知道飞机班次。我匆匆查阅起飞班次，想找到线索，但一切都不对劲——所有的目的地都用无意义的字书写。后来希望出现了，我好不容易找到了一班飞往"米卡度"的飞机，于是疯狂奔向机门，然而太迟了，飞机刚刚起飞，我哭着醒来。

"目的地——米卡度？那出轻歌剧？你有何联想？""不必联想。"她不理我的问题。"我知道为什么我会梦到米卡度，因为我小时唱过那出歌剧中的一首歌，其中一段歌词我迄今还背得滚瓜烂熟：

> 纵然黑夜迅速降临
> 我们也有年复一年的午后时光。

　　艾琳噤声看着我，双眼噙着泪珠。不必再说了，我无从安慰她。由那天开始，这段歌词一直萦绕在我脑海。她和杰克从未共享午后时光，而光为这点，我就原谅她的一切。

　　我的第三课"因伤痛而起的愤怒"在其他临床诊疗上很有价值。虽然我过去总是很快就避开愤怒，尽量保持距离，但现在我却学会了如何包容愤怒，如何面对它，处理它。而这一来也引出了黑色污渍。

第四课：黑色污渍

　　我姐夫去世那天，艾琳打算夺门而出，并问我是否愿意和因我太太还活着而恨我的人相处，当时她提到"黑色污渍"。她问我"没人想被染黑，不是吗？"这是我们诊疗头两年，她常提到的一个比喻。什么是黑色污渍？她一再地想找出确切的文字来形容："这是由我身上分泌出来，在我周遭形成一汪水池的黑色恐怖物质，不但恶臭，而且，剧毒，使任何接近我的人都退避三舍。它也会污染他们，使他们陷身危险。"虽然黑色污渍代表许多意义，不过，最重要的是它象征她的伤痛愤怒，因此她会为了我的伴侣还在人世而恨我。艾琳面临进退两难的处境：她可能保持沉默，压抑自己的愤怒，因而感到孤立无援，也可能大发脾气，赶跑每一个人，因而感到孤寂。

黑色污渍的印象深深刻在她的心田上，不论是理智或言辞都难以说服，因此我用这个比喻来引导我的治疗，要消除它，非得用实质的治疗行为，而非仅用治疗的言语而已。

因此，我试着尽量贴近她的愤怒，像杰克一样和她角力，不让她扳倒我，她的愤怒化成许多形式，设了许多陷阱测试我，其中一个特别狡猾的陷阱却提供了治疗的好机会。

在痛苦消沉几个月之后，她有一天来我的办公室，流露出平静、满足的神情。

"看到你这样心平气和真好，"我说道，"发生什么事了吗？"

"我刚做了重要决定，"她说，"我已经放弃所有个人快乐和自我满足的期望，我不再渴望爱、性、友伴或艺术的创造。从现在开始，我要完全把自己奉献给我的工作——做母亲，也做医师。"她流露出满足、幸福的神情。前几周我很担心她的情况，疑惑她还能支持多久。因此，虽然她的改变很突兀，但我依然很高兴她终于找到方法纾解自己的痛苦，所以我决定不再进一步探询，只把它当作天赐之福，就像佛教徒静坐冥思之后，能够摆脱一切个人的羁绊，而一步一步减轻痛苦。

说实话，我根本不觉得艾琳的改变能持续多久，但我依然希望短暂的解脱能让她的生活展开良性循环。如果暂时的平静能够让她不再折磨自己，做出接受事实的决定，发展新友谊，甚至邂逅合适的对象，那么我想，不管她是如何达到这样的心境都不再重要，她可以攀上阶梯，进入下一个阶层。然而第二天，她却怒气冲冲地拨电话给我："你明白自己做了什么好事吗？你算哪门子治疗师？还说关心我！根本是假的！假的！其实你只是袖手旁观，让我放弃生活中的一切——爱、欢喜、兴奋，一切！不，你还不只是袖手旁观，你甚至是我自我谋杀的共犯！"她再度威胁要放弃治疗，我好不容易才说服她继续回来看我。

接下来几天，我思索整个事件发生的情况，越想越愤怒，好像被她耍了一样，到下一次诊疗的时候，我已经和她一样生气，因此那一次的会面与其说是治疗，不如说是角力，是我们之间最激烈的一次斗争。她指控我："你已经放弃我了，你打算残害我生命中最重要的一些部分。"

我并没有假装了解她的处境，或是同情她。我告诉她："我受够了你的地雷，我受够了你不停地测试。在你所有的测验中，这是最卑鄙、最恶劣的一次。"

"我们有太多的事得做，"我引她亡夫的话总结，"我们没有时间听这些胡说八道。"

这是我们最齐心的一刻。到这次诊疗最后（她又一次指控我把她丢出办公室），我们的关系达到空前的坚强。虽然在教科书或临床上，我都绝不会教学生和病人纠缠争执，然而这样的做法却让艾琳有了进步。

黑色污渍的说法引导了我的治疗行为。和她在情感上做接触，和她角力（虽是象征的说法，但有几次我们差点就要真的扭打起来），证明黑色污渍只是个假想的东西，既不会污染我，也不会使我退避三舍，更不会陷我于危险。艾琳太执着于黑渍的比喻，甚至认为只要我面对她的怒气，不是放弃，就是死亡。

最后，为了要一劳永逸地证明她的愤怒既不会毁灭我，也不会吓跑我，我订下一条新的治疗规则："若你真对我动怒，那一周就得再安排一次诊疗。"这个规定很有效：如今回顾起来，我觉得它的确有所启发。

黑渍的比喻表达了数种潜意识的流动，其中之一是伤痛愤怒，另外还有其他的潜意识。例如，她自以为是扫把星，凡接近她的人都会倒霉，她曾告诉我："只要沾惹上黑渍的人，就是签下自己的死亡令。"

"因此，你不敢再爱人，因为你只能有蛇发女妖梅杜莎式的爱，会摧毁任何接近你的人？"

"我所爱的男人全都死了——我先生、我父亲、哥哥、教子和山迪。我从没有向你提过他，我 20 年前的男友，他有精神上的问题，后来自杀身亡。"

"又是巧合！你一定得摆脱这种想法！"我坚持道，"你只是运气不好而已，这和未来没什么关系，全是运气。"

"巧合，巧合——你最喜欢用这个词！"她嘲笑我，"真正合适的字眼是因果报应，这显然是警告我不得再爱其他男人。"

我该怎么扭转她这种自视为灾星的想法？就像面对她的愤怒一样，我也刻意以行为证明她的这种观念纯属无稽之谈：我一再地接近她，进入该倒霉的空间范围，不但能全身而退，而且活得好好的。

不过，黑渍在艾琳心中还有另一层含义，她曾做过一个梦，梦里一名美丽的黑眼女子头上戴着一朵红玫瑰，斜倚在沙发上：

"等我靠近了，才发现这女人和我刚才想象的并不相同：她倚的沙发是棺架，暗黑的双眼并不美丽，而反映出死亡，血红色的玫瑰不是花，而是流血的伤痕。"

"我知道这个女人就是我，而任何接近我的人，就得面对死亡，这就是另一个别人不要太接近我的理由。"

发上戴着红玫瑰的女人，这样的意象使我想到菲利普·迪克（Philp Dick）所著的未来派小说《迷宫中的人》（*The Man in the Maze*），故事是说男主角被送往新发现的世界，和一种更进化的生物接触，虽然他使尽浑身解数，用各种沟通工具——几何图形、数学不变量式、音乐主题、呼喊摇手，想和这种生物沟通，但没人理睬，然而他的喧闹扰乱了后者的平静，后者决定处罚他。就在他要回地球之前，他们在他身上进行了一种神秘的神经外科手术，后来他才明白这是什么样的处罚：他不能忍受自己的生存焦虑，不但随时随地害怕发生意外以及不可避免的死亡，而且他也注定了孤立隔绝的命运，因为任何人只要在他周遭百尺之内，也都感受到同样的生存焦虑。

不论我如何向艾琳坚持说，黑渍只不过是虚构的想法，但我却常身陷其中。在治疗艾琳的过程中，我就像接近小说主角的人一样，感受到我自己的存在焦虑。一次又一次，我们的治疗过程使我面对自己的死亡，我原本豁达，很少想到死亡，如今死亡却萦绕脑际，挥之不去。

当然，这样的想法也有一些益处：我明白死亡本身虽然会使我们毁灭，但死亡的观念却可能拯救我们。这也是为什么多少世纪以来，僧侣修士总是把头颅骨骸放在室内，或是蒙田教我们住在墓边之故。对死的知觉使我能摆脱琐事羁绊，而着重在真正宝贵的事物上。这些都是我所理解的内容，但我也知道自己绝不可能长久面对死亡的恐怖。

因此，过去我总把死亡的意念放在意识深处，然而诊治艾琳的过程却扰乱了这样的情况。一次又一次地，和她在一起的时光不但增加了我对死亡和生命的知觉感受，更加强了我的死亡焦虑。我一再地发现自己思索她先生 45 岁英年早逝，而我恐怕也活不到60 了。我知道我已经日薄西山，生命之火时时都可能熄灭。

谁说治疗师的钱好赚来着？

第五课：理智与背叛

我们的诊疗进入第三年，然而艾琳的情况依旧没有进展，治疗陷入泥沼，让我越来越沮丧。艾琳太过消沉，我根本没法劝得动她，连接近她也不可能。我问她在治疗时，她觉得和我之间有多远的距离，她答道："很远很远，我根本看不见你。"

"艾琳，我知道你可能不耐烦听这个，但我们一定要开始用抗抑郁剂治疗，我们得了解你为什么抗拒药物，并且解决这个问题。"

"我们都知道药物代表什么。"

"哦？"

"它意味着你打算放弃我们的治疗。我可不打算这么快就被打发。"

"这么快就被打发？艾琳，已经三年了啊！"

"我的意思是，教我好过一点不是办法，只是延迟面对我所丧失的事物而已。"

不论我怎么劝说，都不能让她放弃这样的念头，但最后她同意让我开抗抑郁的药物，结果也和前两年服药的结果相同，我开的三种药物不但没有效，还引起副作用：困倦思睡、恐怖的梦魇、丧失性欲和感觉，放弃一切。我建议她找精神药理学者求教，遭她断然拒绝，我只好下最后通牒："你非得去找药理学者，并且遵照他的指示服药，否则我不再治疗。"

艾琳一眨也不眨地望着我。如往常一般，她没有多余的言语或动作，只说："我会考虑，下一次来的时候告诉你答案。"

然而下一次她并没有直接响应我的最后通牒，而是给我一期《纽约客》(*New Yorker*)杂志，要我看俄罗斯诗人布洛斯基(Joseph Brodsky)题为《忧伤与理智》(*On Grief and Reason*)的文章。

"你可以在这篇文章里找到我们治疗失误的关键。如果你读了文章还找不到答案，我就去看你指定的治疗师。"

病人常要我读他们觉得有意思的文章——自助书、介绍新治疗或理论的文章、恰巧符合他们情况的文学作品。不止一位作家病人曾交给我冗长的手稿，说："读读这个，可以让你对我有深入的了解。"这样的提议很少能有什么作用，其实病人三言两语就可以把文章的内容交代清楚，他们大概也不会指望我能老实说出自己的意见：我太在意病人的情况，因此很难客观评论。显然他们期待的是别的东西——我的肯定和赞美，但其实治疗师自有更有效且直接的方法来满足这方面的需要，不必花很长的时间阅读手稿。因此，我通常会婉拒病人要我读文章的要求，最多只答应略略浏览。我珍视自己的阅读时间。

不过读艾琳给我的文章时，我并不觉得是负担。我不但尊重她的品位，也佩服她的心智，如果她觉得这篇文章里有治疗陷入僵局的关键，那么必然值得一读。当然，我宁愿有更直接的沟通，但我也在学习接受艾琳诗意婉转的沟通方式，这是她由母亲那里学来的沟通方式。她的父亲是理智的象征，曾在高中教过科学，而她母亲则是艺术家，总是委婉地表达意见。艾琳学会以间接的方式了解母亲的情绪，比如在晴朗的日子里，她母亲很可能会说："我要在蓝白色那个花瓶里插点鸢尾花。"或是借着摆弄艾琳床头洋娃娃的位置，来传达她的心境。

布洛斯基的文章最开始是分析著名诗人弗洛斯特（Robert Frost）的诗《进来》(*Come In*) 的头两节：

> 我行至森林边缘，
>
> 画眉高啼——请听！
>
> 若林外是黄昏，
>
> 林内已是幽暗。
>
> 林中太幽暗，鸟儿
>
> 无从振翅
>
> 变更栖息之所，
>
> 虽然依旧能鸣。

我一直以为《进来》是一首可爱、简洁的自然诗，我自少年时代就背得滚瓜烂熟，常常是边吟诵边骑车穿过华盛顿老兵之家的。布洛斯基逐字逐句地阐释，说明了这首诗传达更深沉的意义。比如在第一个诗节，画眉（诗人自己）来到林边，思索幽暗的林

111

子，似乎有什么不祥之兆，接下来林间太幽暗鸟儿无从振翅又是什么意思？难道弗洛斯特的意思是一切都已经太迟，他注定要受天谴？而在稍后的诗节，他也再度证实了这个想法。总之，布洛斯基清楚地说明这首诗不但是一首深沉的诗，而且弗洛斯特也是比一般人所想象的更悲观的诗人。

我读得入了迷，这段讨论说明了这首诗为什么像弗洛斯特其他表面简单的诗一样，让我自幼就着迷。但这首诗和艾琳的关系呢？她不是说这首诗和我们治疗过程所遭遇的问题相关吗？我继续读下去。

布洛斯基接下来分析弗洛斯特的一首长叙事诗《家丧》(*Home Burial*)，诗的背景是在一座小农庄的栏杆楼梯上，由农夫和太太互相对话（我立刻把他们想成艾琳的父母，因为他们也一直住在美国中西部的农庄上，同样也有如她接到艾伦死讯电话时走下的栏杆楼梯）。诗的开头如下：

他由楼梯下看到她，
在她看见他之前。她正欲下楼，
回身凝眸，惊疑不定。

农夫走近问："你看到什么？从上面那里？——我想知道。"
虽然做妻子的一心惊恐，拒绝回答，但她很确定他绝看不到她所见，因此她让丈夫走上楼梯。他走到楼上窗前，发现她一直在看的东西。他很惊讶自己为什么先前从没有注意？

我亲人所在的小小坟场！

这么袖珍，整个窗框就把它填满。

比不上一个房间大，不是吗？

有三块石板和一块大理石，

宽阔的石板在阳光下，

在一旁的山坡。

我们从没有注意到这些。

但我明白：不是这些石头，

而是孩子的坟丘——

"不，不，不，不，"她喊道。

农妇走过他身旁，下了楼梯，瞪了他一眼，向前门而去。他感到迷惑，问道："难道连自己孩子的死也不能提吗？"

"你不能！"她说，"而且任何人都不能。"她又加了这一句，然后伸手拿帽子。

农夫想要融入她的忧伤，说了下面这些话：

但我觉得你有点过分。

究竟你为什么会觉得

丧失头一个孩子

如此伤心。

你以为他的记忆可以满足——

他太太不理睬他，让他哀叹："老天，这是什么样的女人！竟然到了这步田地，连自己死去的孩子都不能提。"

他太太回嘴说，他不会说话，没有心肝。她从窗户上看到他轻松地挖儿子的坟，"瓦石在空中飞扬。"挖掘完之后，他走进厨房。她记得：

> 你竟能坐在那里，鞋上沾着尘土，
> 宝宝新坟的土，
> 大谈日常琐事。
> 你把圆锹靠在墙上，
> 放在门口，因为我看到了。

做妻子的一再地强调她绝不会用这样的方式面对自己的哀痛，也不会轻易就把伤痛忘怀。

> 不，在我伤痛难当时，
> 我孤单，他死得比我更孤单。
> 朋友假意送他入坟，
> 但甚至在他葬入土前，
> 他们的心思就已经飘走，
> 回归人生，
> 回到生者，回到他们了解的万物。
> 而世界是邪恶的。我不会如此面对忧伤。
> 如果我能改变它，哦，我不会，我不会。

做丈夫的安慰道，他知道她发泄过会觉得好过一点，他建议该是忘却哀伤的时刻："你的心已经摆脱它了，为什么又再度揽它入怀？"

诗最后以太太开门离开结束。做丈夫的想要阻挡她：

你打算要去哪里？先告诉我这个。
我要跟着你，硬拽你回家。我要！——

我一口气把这篇文章读完，因为太入迷，甚至到最后还得提醒自己读这篇文章的原意。它究竟握有什么样的关键，能够开启艾琳的内心？我想到她来看我时所提到的头一个梦境，必须先看懂古文，才能看懂新的文章。显然我们得先面对艾琳哥哥的死。我已经知道他的死就像骨牌一样，带来一连串的死亡。她的家已经变了：母亲不能忘怀丧子之痛，永远处于躁郁的状态；父母的情感也不如以往。

或许这首诗正是描述艾琳哥哥去世后家里的情况，尤其是父母亲以不同方式面对儿子之死的冲突。这种情况并不罕见：子女死后，父母亲以不同的方式哀悼（通常和传统两性表达方式有关：女性较常公开流露情感，而男性则压抑、转移悲伤）。许多夫妻都会为此而产生冲突，这也是为什么丧失孩子往往会导致婚姻破裂的原因。

我也想到弗洛斯特这首诗里的其他意象和艾琳的关系。埋葬孩子的情节在夫妻两人眼中所占的位置，也是很精彩的比喻：在农夫看来，这个事件如此之微小，可被纳入窗框，而在妻子看来事件如此之大，让她看不见其他任何事物。还有窗户的意象：艾琳喜欢窗户，她曾说过："我希望生活在高楼层，由窗户向外望。"她也想象搬到海边的大房子："让我可以把时间花在透窗凝视海洋，在屋顶漫步。"

农妇对朋友的反应和艾琳的想法很像。在诗中，朋友来吊唁，匆匆地上过坟后，又急急回到自己的日常生活中，这也是艾琳在我们治疗过程中常有的抱怨。有一次她还带来布鲁格尔（Pieter Brueghel，16世纪荷兰画家）的画《伊卡洛斯[○]之坠落》的复制品，向我解说："看看这些农夫，他们汲汲营营忙着工作，根本懒得理会空中落下的这个孩子。"她甚至还带了奥登（W. H. Auden，著名诗人）描绘这幅画写的诗，念给我听：

> 比如布鲁格尔的伊卡洛斯：其他的一切
>
> 多么悠闲地摆脱这桩悲剧：农夫
>
> 或许听见水花溅起，一声悲鸣，
>
> 但对他而言这并没什么了不起；太阳灿烂
>
> 一如往常照耀着消失在碧波中的白腿，
>
> 精工雕琢的船必定看到
>
> 什么异象，男孩由天空落下，
>
> 但它们得赴某处，依旧平稳前行。

《家丧》的其他含义呢？母亲悲伤不已，而实事求是的父亲对她执着于悲伤的不耐烦：我也曾听艾琳描述过她家里有这样的情况。

然而这些原因都不足以解释为什么艾琳这么坚持要我读这篇文章。她告诉我这首诗会解答"我们治疗过程问题的关键"。我

○ 伊卡洛斯（Icarus）为希腊神话中艺术家代达罗斯之子，两人以腊翼飞离克里克岛，因飞得太高，腊被太阳融化而坠海死亡。

觉得失望，或许我高估了她也未可知。

下一次会面，艾琳进了办公室，一如往常头也不抬地走到她的椅子前坐下。她坐正身子，把皮包放在身旁地板上，接着如往常沉默地凝视窗外片刻，突然转头看我问道："你读了那篇文章吗？"

"读了，写得非常好。谢谢你。"

"然后呢？"她敦促道。

"文章很精彩。我听你说过你父母亲在艾伦死后的生活，不过这首诗却让我更加理解为什么你不能再和父母同住，也明白你认定母亲的方式，而她与她父亲的挣扎——"我说不下去。艾琳脸上不可置信的表情让我心头一凛。她那一脸惊诧的模样仿佛是老师看到某个蠢才，暗自诧异他怎么可能升到她这班似的。

最后，艾琳咬牙说道："诗中的农夫和农妇并不是我父母亲，而是我们——你和我。"她停下来稳住自己，一会儿之后再用较柔和的声调说："我的意思是，他们有我父母亲的特性，但基本上农夫和农妇是这个房中的你和我。"

我恍然大悟，可不是嘛！《家丧》中的每一句诗行立刻都有了新的含义，我的脑子立刻开始运作，才思从没有这么敏捷。

"因此是我把沾满泥土的锹铲拿进屋里？"

艾琳点点头。

"是我穿着沾着新坟土的鞋走进厨房？"

艾琳又大发慈悲地点点头。或许我及时领悟还来得及挽回。"还有，是我责备你死抱着哀伤不放？认为你太过度，问你：'为什么执迷不悟？'是我轻松地挖坟，把坟土抛入空中？是我不断地用言词攻击你？是我想要介入你和你的哀伤之间？是我在门边挡住你，想要强灌你治疗悲伤的药物？”

艾琳边点头，热泪边滚下双颊。这是三年来的治疗过程中她头一次在我面前哭泣。我拿面巾纸给她，自己也拿了一张。她伸手握住我的手，我们再度站在同一阵线上。

我们之间怎么会越行越远？回顾起来，我发现我们基本个性上的差别：我是讲求实际的理性主义者，她则是悲哀沮丧的浪漫主义者，或许我们之间的冲突是不可避免的，或许我们面对悲剧的模式原本就是相反的。人该如何面对残酷的人生？我想艾琳心底也知道只有两种方法应对：拒绝否定现实，或是活在难以忍受的焦虑里。塞万提斯不就借着堂吉诃德之口提到这样的困境吗："你要选择哪一种：睿智的疯狂，抑或是愚蠢的清明神智？"

我有个深深影响我治疗方法的偏见：我从不觉得认清现实会造成疯狂，也不以为拒绝现实就能让我们神志清醒。我对拒绝现实不以为然，而且不论在治疗或我个人的生活里，总是向这种想法挑衅。我不只摆脱各种阻碍我视野的想法，也鼓励病人采取同样的做法。我相信诚实面对人的存在现实虽然造成恐惧，但最后却能够疗伤止痛，赋予人生丰富的含义。因此，我的精神分析可以用文豪哈代的话来总结："最好的办法莫过于面对最糟的现实。"

因此，从治疗一开始，我就以理性的代言人自居。我鼓励艾琳和我一起排练她先生去世前后的种种情境：

"你会怎么得知他的死讯？"

"在他去世时，你会在他身旁吗？"

"你会有什么样的感觉？"

"你会打电话给谁？"

同样，她和我也排练她的葬礼。我告诉她我会参加葬礼，即使她的朋友不会在墓边陪她，我也一定会伴着她。如果其他人恐惧而不愿听她可怕的念头，我会鼓励她向我倾吐。我试着让她的梦魇不再那么恐怖。

每当她开始有非理性行为的时候，我就会来点醒她。例如，她不愿和其他男人共享人生，觉得这会使她有罪恶感。若她和新男伴到她曾和杰克同去的海滩或餐厅，那么就会觉得背叛了他，冒犯了他们之间的爱。然而到全新的地方约会一样也会挑起她的歉疚："为什么我能活着享受新的生活，而杰克却已死去呢？"她也为自己未能成为贤妻而有罪恶感。精神治疗让她经历了许多变化，她变得比较温和、比较可亲、比较体贴。"这对杰克多么不公平，"她说，"我对其他男人反倒比对他还好。"

我一再地质疑她的这些说法："杰克现在在哪里？"我问道，她总是回答："哪里也不在，只在记忆里。"在她和其他人的记忆里。她既没有宗教信仰，也从不相信灵魂不灭，或是其他死后生命的想法。因此，我用理智说服她："如果他没有知觉，看不到你的行为，那么他怎么会因你和其他男人在一起而感到难过呢？"我也提醒她，在杰克去世前，曾明白表达希望她快乐幸福，希望她再婚。"他会希望你和他女儿一辈子悲伤难过吗？因此，纵使他的意识依然存在，也不会觉得你背叛了他，反而会因你的痊愈而感到高兴。因此不论如何，不论杰克的意识存在或不存在，所谓的不公平和背叛，都是无意义的。"

有时艾琳会梦到杰克还活在人世间，这是丧偶者常见的现象。只是她醒来后发现那只是梦，往往会痛苦难当。有时候她会因他"在天的那一端"受折磨而痛哭流涕，有时候她去上坟，又会因他被锁在又冷又暗的墓穴中而感到难过。她梦到自己打开冰箱冷冻库，看到一个小小的杰克，双眼圆睁，凝望着她。我不断用各种技巧提醒她，他不在"天的那一端"，他不再是有知觉的生命，我也提醒她，他可以关怀她。因为在我的经验里，每一个丧偶的人都会因没人关怀自己而自怨自艾。

艾琳也不肯丢弃杰克的遗物。每当她需要买生日礼物给女儿之际，就会去翻他的书桌抽屉，想要找他留下的纸条参考。她的周遭全都是杰克留下的一切，令我不禁担心她会像狄更斯小说中的人物那样，永远缠夹在失落的网里。因此，我在治疗过程中一直鼓励艾琳摆脱过去，重新生活，放开她和杰克之间的关系："把他的照片取下来，重新装潢。买张新的床，清理书桌抽屉，把他的东西丢掉，到没有和他同去的地方旅行。做些你以前从未做过的事，不要再谈杰克。"

我所谓的理智，艾琳却认为是背叛；我称为重新展开人生，她却觉得是爱的辜负；我认为是脱离逝者，她却觉得是放弃她的爱。

我觉得自己是她所需要的理性主义者，她却觉得我在亵渎她的忧伤；我以为自己在领她重回生命，她却觉得我迫使她抛弃杰克；我觉得自己在启发她做人生的英雄，她却觉得我隔岸观火，尽可以说些风凉话。

我为她的固执而诧异。为什么她不明白？我不禁疑惑。为什么她不明白杰克已经死了，他的意识已经消灭？为什么她不了解这不是她的错？不明白她并不是灾星，也不会克死下一个她所爱的男人？不了解她不可能永远都会碰到悲剧？不明白她不敢承认自己活在无情天地之中，反而受莫名其妙的念头所惑？

而她也为我的鲁钝大惑不解。为什么欧文不懂？为什么他不明白他在伤害我对杰克的回忆？污蔑我的爱？为什么他不明白我只想望着窗外，凝视杰克的坟，而他却把坟土带进房来，把圆锹留在厨房内？为什么他不了解每当他想拉开我，让我背对我的心时，我就会感到愤怒？有时，虽然我很需要他，却得离开他，才能呼吸喘息？我快要溺毙了，快要溺死在我人生的船难里，但他却不断地扳开我的手指头？为什么他不明白杰克之所以会死，就是中了我的爱之毒？

当晚我正思索我们的治疗过程，突然想到几十年前曾治疗过的另一个病人。她少女时期和父亲一直保持争斗冲突的关系，在她首次离家上大学之际，他开车送她去学校，一如惯例，一路上他一直叨念路旁垃圾满坑满谷的小溪，而她看到的却是风景秀丽的溪景。多年后他去世了，她恰巧驾车重游旧地，却见当地道旁两侧原来各有一条小溪："不过这一次我由驾驶座上看到的这条小溪，的确如父亲所描述的那样肮脏。"

我不禁恍然大悟。该是我聆听的时候了。我该放开一切，摆脱个人的世界观，不要以自己的观点加之于病人身上，该是我由艾琳的窗口望出去的时候了。

121

第六课：莫问丧钟为谁敲

在治疗的第四年，有一天，艾琳带了一个大纸夹进来，放在地板上把它解开，然后拉出一块大画布，把背面朝着我，故意不让我看画面。

她以异于平常的轻松态度问我："我有没有告诉你我上艺术课？"

"没有，这是我头一次听说，不过这样做很好。"

我并没有因她没提学画的事而不快。每一个治疗师都早就习惯病患不提好事的情况。或许病人只是出于误解，误会治疗师只想听他们的问题。不过也有些治疗成瘾的病人刻意隐瞒生活中的好事，以免治疗师觉得他们已经痊愈而停止治疗。

艾琳吸了一口气，把画布转过来。我眼前是一幅美丽的静物写生，一只简朴的碗中装了一个柠檬、一个橙子和一个梨。虽然我欣赏她的技巧，却对她所绘的主题感到失望，太平淡而缺乏意义，原本我以为可以看到和我们治疗相关的主题。不过我还是假装很有兴趣，大大赞美了一番。

不过我的赞美大概有点破绽。她下一次来的时候说："我又报名参加六个月的艺术课程。"

"很好，同样的老师吗？"

"是的，同一位老师，同样的课。"

"你是说又是静物写生？"

"我猜你希望我不要参加这个课。显然你有什么话没有坦白说。"

"像是什么？"我开始觉得不自在，"你是指什么？"

"我猜得没错。"艾琳笑嘻嘻地说，"你从没有用问题来回答我的问题。"

"猜得真准。好吧，艾琳，其实我对你那幅画有两种感觉。"接下来我用上了平日告诫学生的那席话：两种情感针锋相对，使你陷入困境之时，最好的解决办法就是说明你的这两种情感和你的困境："首先，就像我先前所说，我很欣赏你的画。我毫无艺术细胞，因此看到这样好的画只有肃然起敬，"我犹豫了一下，艾琳催我说下去：

"但是呢？"

"但是，我很高兴你能在画画里找到乐趣，但我原本以为你可以用你的艺术技巧画些更能反映我们治疗的画。"

"反映我们的治疗？"

"每当我问你心里有什么想法时，你总是提出很有内容的答案，我很欣赏这点。有时你的答案是某个想法，但你更常描述心里的图像。因为你这种特别的能力，因此我原本希望你在艺术作品中能表达出治疗中的想法，或许是让你的画更富表达力，或许是更富启发性。或许你可以在画布上画出某些痛苦的事件。你的静物画虽然技巧纯熟，但却太——太平静了，远离了各种冲突和痛苦。"

我看到艾琳滚动的眼珠子，又加了一句："你问我的感觉，我老老实实告诉你。我也担心自己会不会太过挑剔，竟然批评能带给你一点平静的活动。"

"欧文，我看你是不大懂画。你知道法文静物怎么说吗？"
我摇摇头。

"Nature Morte。"

"死去的大自然。"

"没错。要画静物画，非得思索死亡和腐朽不可。在我画水果之时，不得不注意到我的静物模型日复一日的枯朽。在我作画之际，感觉非常贴近我们的治疗，我清清楚楚地感受到杰克由生至朽的过程，清清楚楚地在一切生物上感受到死亡本身和腐朽的气息。"

"一切生物？"我问道。

她点点头。

"你？我？"

"一切，"她答道，"尤其是我。"

我一直在想她这些话的含义，一直到几周后她告诉我印象深刻的新梦，才发现它预告了治疗又进入了下一个阶段。

我坐在桌前——像是什么委员会的议事桌。桌前还有其他人，而你则坐在主位。我们不知在讨论什么，或许是某个提案。你要我把资料拿过去给你。房间很小，要走到你那里得贴近一排敞开的窗户，一不小心就会栽到楼下。我惊醒时只有一个念头：你怎么能让我面对如此的危险？

这个主题——她陷身危险而我却未能保护她，不久就一再地重复出现。几个晚上之后，她有两个传达同样讯息的类似梦境。

第一个梦是：

你是一群人的领袖，马上就要发生可怕的事情，不知道究竟是什么事，但你要带领所有的人穿过森林到安全的地点去。但你带我们走的小径越来越崎岖，越来越狭窄，越来越幽暗。

接着小径完全消失了，你也不见踪影，我们迷了路，惊恐无比。

第二个梦：

我们同一群人在一间旅馆房间，这一次又发生了什么危险事件，或许是有坏人闯入，或许是飓风。总之你再度率领我们走出危险。你带我们爬上防火逃生梯，梯子是黑色金属做的。我们爬了又爬，但梯子在天花板上就到了尽头，我们只好全部退回原地。

其他的梦接二连三地出现。其中一个是她和我一起考试，我们俩都不知道答案；另一个梦是她看着镜中的自己，发现两颊上有腐朽的红色斑点；还有一个梦是她和一个身材颀长、健壮的年轻人共舞，那人突然离开舞池，她转身看到一面镜子，竟发现自己脸上长满红色疤痕，还有恐怖的脓疱。

这些梦的讯息再清楚不过：没有人能逃过危险和腐朽，我也不是救主——正好相反，我既不可靠，而且无能。不久她又做了另一个梦，更清楚地描绘了她的想法：

我们在异国——可能是希腊或土耳其的穷乡僻壤，你是我的向导。你开着吉普车，我们正在争论要去看些什么风光。我想要看美丽的古迹，而你却要我去看俗不可耐的现代都市景物。

你突然开起快车，令我心惊肉跳，接着吉普车卡住了，我们左摇右晃，摔进一个大坑，我往下一看，深不见底。

这个美丽古迹和俗不可耐的现代都市对立的梦反映出艾琳和我"背叛与理智"的争辩。该走哪条路？象征她旧生活的美丽古迹（第一篇古文）？抑或是在她眼前丑陋的新生活（第二篇现代文）？这个梦也有了更深一层的暗示，即在前面几个梦中我只是无能：在林间找不着逃生小径；带她们逃往防火梯，没想到梯子到天花板就断了；我不知道考试的答案。然而在这个梦里，我不但没有用，而且无力保护她，我也是危险人物，竟然带着艾琳赴死。

几夜之后，她又梦到她和我拥抱在一起，差点亲吻，但我的嘴却越张越大，开始吞食她，"我拼命挣扎，但挣不开你的血盆大口。"

"莫问丧钟为谁敲；它为你而敲。"英国诗人邓恩[⊖]早在 400 年前，就用这些诗句，道出了人生真谛。丧钟不止为死者而敲，也为你我而敲。不错，我们暂时幸存下来，但终有一天得面对死亡。早在 4000 年前，吉尔伽美什（Gilgamesh，传说中的苏美尔国王）就由朋友的死领悟到自己终有一天会步朋友后尘："他已经踏入冥国，再也听不见我。当我死时，不也像他一般？忧伤潜入我心，我恐惧死亡。"

其他人的死让我们领悟到自己原来也会死。这样的做法适用于忧伤的心理治疗吗？问：为什么去抓不痒之处呢？为什么在已经因丧偶而消沉沮丧的人身上，燃起死亡的焦虑火焰呢？答：因为面对自己的死亡，可以让人产生正面的改变力量。

早在数十年前，我就领略到面对死亡可以治疗忧伤。当时一名 60 岁的老翁向我求助，他太太的子宫颈癌已经转移，无药

⊖　John Donne, 1572—1631 年，英国玄学诗派代表人物。

可治，他在哀伤之余，有了可怕的梦魇，梦中他跑过一栋破烂房屋——破落的窗户、碎裂的瓷砖、漏水的屋顶，背后有可怕的怪物穷追不舍。他努力防卫：又踢又打又戳又刺，甚至把怪物丢下屋顶，但却挡不住怪物——这是梦的主旨。怪物总是立刻又出现，继续追逐他。其实这个怪物他并不陌生，早在他 10 岁丧父之后，他就梦过，它在梦里和他纠缠数月，最后终于消失，没想到 50 年后在他得知妻子罹患绝症之际，又出现了。我问他对这个梦有什么想法，他叹道："我也日暮黄昏了。"那时我才明白别人的死——先是他父亲，现在又是他妻子面临的死亡，让他面对自己的死亡。怪物其实是死亡的化身，而破落的房屋则意味着他身体的老化腐朽。

那一次的访谈让我觉得我已经找到了治疗忧伤的新观念。于是我在每一位丧偶病人身上探究这样的想法。早在我治疗艾琳之前几年，就和同事李柏曼（Morton Lieberman）展开丧偶研究，正是为了测试这样的想法。

在我们研究的 80 位丧偶病人身上，发现高达 1/3 的人会警觉到自己也会面临死亡，这样的警觉会导致个人的成长。通常历经丧偶打击之后若能恢复原来的生活形态，就可视为克服打击，然而我们的数据显示，有些丧偶者还可更进一步：他们更成熟、更有智慧。

早在心理学独立成为一门学问之前，伟大的作家就已深谙心理学精髓，因此文学中不乏有人在面对死亡之后改头换面的例子。以狄更斯《圣诞颂歌》（ *A Christmas Carol* ）中的主角吝啬先生为例，吝啬先生个性的转换乃是源于和死亡面对面的结果。狄更斯的使者（未来耶诞之鬼魂）用了强有力的惊吓治疗法：鬼魂把齐嵩先生带到未来，看到自己濒死时别人轻蔑的态度，见到陌生人为了他的财产而争吵。齐嵩先生最后跪在自己的坟前，抚摸着墓碑上刻的字，随后性情大变。

再说托尔斯泰在《战争与和平》中的角色皮埃尔，前900页中这个失落的灵魂在书里毫无建树，后来他被拿破仑的军队逮住，看到在他前头的五名俘虏一一遭到枪决，千钧一发之际获得枪下留人的缓刑。这样的濒死经验让皮埃尔彻底地改变，在书中最后300页，他充满了热忱、决心，也深深明白生命之宝贵。托尔斯泰的短篇小说《伊凡·伊里奇之死》也描绘了主角伊凡·伊里奇醒悟的过程，这个因胃癌而濒死的卑俗官场小人物在病榻上痛苦思索，忽然领悟："我死得这么难过，是因为我活得这么难过。"在接下来仅余的几天生命之中，他经历了内心的变化，做到了毕生从未做到的慷慨仁慈，推己及人。

因此，面对即将到来的死亡能让人获得智慧，了解存在的意义。我曾主持过许多濒死病人的团体，他们都欢迎学生来观摩讨论，因为他们自觉有许多人生的体悟可以传承下去。这些病人说："多么可惜，一直到现在，一直到罹患了癌症，我们才知道该怎么生活。"在本书第二章"与葆拉共舞"中，我也描述了许多病人在癌症末期时智慧的增长。

但对于身体健康，并未迫近死亡，没有罹患绝症，也没有刽子手随侍在侧的病人，又该怎么办呢？我们该怎么让他们面对生死之惑？我试着用一些所谓"临界经验"的紧急状况，透过这样的窗口让他们探究更深一层的存在意义。面对自己的死亡固然是强烈的临界经验，但也有许多其他经验能达到相同的效果——大病或重伤、离婚、事业的挫败、达到人生的里程碑（退休、子女离巢自立、中年、特别年纪的生日），而面对挚爱的死亡，也是经验之一。

因此，我原先的治疗方针是尽可能让她想到自己的生死。我一再地试图把她的注意力由杰克之死扭转到自己身上。例如，当她谈到为女儿而活，其实自己宁愿死，宁愿终其一生都转头望向屋外家族的墓园之际，我会说："你这样岂不是虚掷生命——你所拥有的唯一生命？"

杰克去世后，艾琳常做噩梦，梦中发生灾难（大火）席卷全家。她觉得这些梦意味着杰克的死毁了原本美满的家庭，而我总说："不，不对，你忽略了这个梦不止是关于杰克和你们的家，也是关于你自己的死亡。"

在治疗的头几年，艾琳对我的话总是这么反应："你不懂：我已经丧失太多，经历太多伤痛、太多死亡。"她一心只要摆脱痛苦，而死在她看来非但不是威胁，反而是解脱之道。许多沮丧挫折的人都视死亡为安息之所，但其实死亡并非安息，也不是在无痛苦的状态下继续存活，而是意识的消灭。

或许我没有留意时机的重要，或许一如往常，我又走在病人的前头，也或许艾琳只是不能因面对生死而获益的病人。不论如何，我发现自己的治疗没有进展，只好放弃这个方法，而另谋他路帮助她。几个月后，却在我完全没有料想到的时候，发生这段静物画的插曲，以及一连串充满死亡焦虑的意象和梦境。

如今时机对了，她接受我的阐释。接着她又做了另一个梦，梦境如此清晰，使她无法释怀：

> 我正坐在夏日小木屋的阳台上，突然看到门前有一只张牙舞爪的野兽，我吓坏了，只担心女儿会遭到不测，因此决心自我牺牲，我把一个红格子布的填充玩偶丢出门外，野兽抢了玩偶，但却依旧待在当地，双眼红通通的，直瞪着我。我才是猎物。

艾琳立刻认出红格子布的填充玩具："是杰克，那是他去世当晚穿的睡衣颜色。"由于梦境难忘，萦绕在她心头数周之久，她逐渐了解，虽然她先把对死亡的焦虑投注在女儿身上，但其实她才是死亡追捕的对象。"那只野兽紧盯着的是我，这表示只有一种方法能解读这个梦。"她犹豫道，"这个梦意味着我下意识地把杰克的死当成一种牺牲，是让我继续生存的条件。"她对这样的想法大感惊诧，更对死亡等的不是别人，不是她的女儿，而是她，感到心惊。

在这样的心态下，我们重新检视了纠缠艾琳不去的痛苦情感：先是罪恶感，就像折磨其他丧偶者一样折磨艾琳。我曾治疗过一名丧偶女士，她先生在医院昏迷之时，她几乎片刻不离，然而有一天，在她只离开几分钟去买份报纸的当儿，她先生去世了，遗弃他的罪恶感萦绕她心头数月之久。同样，艾琳对杰克也照顾得无微不至，虽然我力促她送他住院或请看护，留点时间给自己，她却不从，租了一张床，睡在他身旁直到他断气。然而她也不能摆脱自己原该做更多的愧疚感："我不该离开他的身旁，我该更温柔、更体贴、更亲密。"

"或许罪恶感是否定死亡的方法。"我说,"或许你觉得自己该做更多,是因为你觉得自己若有不同的做法,就能避免他的死亡。"

或许她许多不理性的想法根源就在于拒斥死亡。她觉得自己是造成爱她之人死亡的原因;她是灾星,是倒霉鬼,是克星,受到诅咒,她的爱会致命;为了某种不可赦的冒犯,她遭到天谴报应。或许她这一切想法都是为了遮掩残酷的生命真相:若她该为死亡负责,那么死亡就是可以避免的,生命就不再是无常的,人不是孑然一身被抛入世上,而是有非我们可理解的天道在监督评断我们。

渐渐地,艾琳能够更清楚地吐露她对生存的恐惧,并且重新思索她为什么拒绝和其他人,尤其是男人,建立新的关系。她曾说她避免建立新关系(包括和我的关系),主要是为了避免再一次失去的痛苦。但现在她明白,她害怕的不只是失去其他人,而是所有让她想到生命无常的事物。

我把蓝克对于恐惧生命者的看法介绍给艾琳。蓝克写道:"有些人拒绝生命的借贷,以避免在死时偿还。"一语道破艾琳的困境。我责备她:"看看你拒绝生命的样子,茫然地望向窗外,避开热情,避开一切,只沉浸在杰克的回忆里。既然生命的旅程终会结束,为什么不投入,为什么不交些朋友,对任何人产生一点兴趣呢?"

艾琳逐渐愿意接受自己生命有限的事实,是她一连串改变的开始。先前她曾提过有一个全都丧偶的团体,如今她提到由同样的人组成的第二个团体,是由"明白自己目标"获得启发的人组成的。

在她所有的改变中，我最高兴的是她愿意敞开心扉和我建立关系。我在艾琳心中占有一席之地是毋庸置疑的，有几个月她曾说过，她纯粹是为了我们的治疗而活。然而虽然我们之间如此亲近，但我常觉得我们只是间接地接触，缺乏真正的"你—我"关系。一如她在治疗初期提到的，她想让我处在时间之外，对我所知越少越好，假装我不是有血有肉的人，没有自己的故事。如今这已经变了！

在我们治疗之初，艾琳曾回娘家，看到她幼时读过的《绿野仙踪》绘本，她回来后告诉我，我长得和书里的巫师一模一样。经过三年的治疗，她再看书里的图，却觉得我不再那么像巫师了。她说："或许你不是巫师，或许根本没有巫师，或许——"她继续向自己说道，"我该接受你的想法，你我只是同经生命的过客，我们都在聆听丧钟敲响。"从这些话中，我感觉到她正在经历重要的转变过程。

在我们治疗的第四年，一天下午她来我办公室时，仔细端详了我一番，接着又坐下再度打量我说："奇怪，欧文，我觉得你好像比以前矮小一点。"我也相信这话代表新的治疗阶段已经开始。

第七课：释怀

我们最后一次会面的情况乏善可陈，只有两处较为特别。第一，艾琳必须打电话询问我们会面的时间。虽然我们会面的时间常因她安排的手术时间而一改再改，但五年来她从不会忘记准时前来。第二，就在这次会面之前，我突然患了偏头痛。我很少会头痛，因此不由得怀疑这次的头痛会不会和杰克一样，和脑瘤有关？因为杰克的脑部肿瘤最开始就是严重的头痛。

"我整周都在想一件事，"艾琳说，"你是不是打算把我们治疗的过程写下来？"

我当时正想写小说，倒没有想到要写她，我据实以告，又说："我从没有写过还在进行的治疗，在上一本书《爱情刽子手》中，我写的案例都是经过数年，有时甚至 10 年以上，在治疗结束许久之后才动笔的。而且我可以向你保证，若我真的要写你的故事，事前也会征得你的同意——"

"不，不，欧文，"她打断我的话，"我不是担心这个，我是担心你不写我的故事。我希望我的故事能为人所知。治疗师往往不知道如何治疗丧偶的人，我希望不止把我所学到的，而且把你所学到的广为传布。"

接下来数周，我不但想念艾琳，而且一再地想到她要我写下治疗她经过的建议。不久我就对其他的写作计划失去兴趣，而开始构思她的故事大纲，一开始倒没认真，后来却越来越投入。

几周后，艾琳和我约定再次见面。她也对我们的关系感到若有所失，例如她会梦到我们还在治疗，她会想象和我的对话，会在一群人之间误以为见到我，听到我对她说话的声音。但等我们真正会面之时，结束治疗的惆怅之情已经消失，她又能和自己及其他人建立良好的关系，重新享受人生。她对自己视觉上的变化特别讶异：多年来只呈两度空间死气沉沉的一切，又有了活生生的真实感。此外，她和一名男子凯文也建立了新的关系，这是她在治疗最后四个月时邂逅的男子，他们的交往非但没有无疾而终，而且越来越认真。我向她提到我改变了主意，如今想写我们治疗的过程，她非常高兴，也同意帮我审读初稿。

几周后，我把前 30 页的草稿寄给艾琳，并且提议见个面，到旧金山一家咖啡馆讨论内容。我走进咖啡馆扫视周遭时，心头有点紧张，我先看到她，于是慢慢朝她走去，想要由远处欣赏她——她淡彩色的毛衣和宽松的长裤，她啜饮卡布奇诺咖啡、浏览报纸时轻松自如的神态。我走近她，她看到我立刻站起来，我们相互拥抱，像老友般互亲面颊，我们的确是老朋友了。我也点了卡布奇诺，啜了一口之后，艾琳笑着拿她的餐巾来擦我胡须上的白泡沫。我喜欢让她照顾我，因此略略倾身，以便更清楚地感觉她从餐巾传过来的力道。

"现在，"她擦完后说，"好多了。没有白胡须了，我不喜欢看到你太早就老了。"接着她从手提包里拿出我的原稿说："我喜欢，这正是我希望你会写的东西。"

"我正期待你会这样说。不过首先我们该退后一步，谈谈这整个写作计划。"我告诉她，我会隐藏她的身份，让熟人都认不出我写的是她："把你描写成一个男的艺术经纪商怎么样？"

她摇摇头："我希望你表现我的原貌。没有什么好隐藏的，没有什么好羞愧的。我们都知道我心理方面没问题，只是受到折磨。"

对这个写作计划，我有一点隐忧，决心还是老实把它说出来："艾琳，我讲个故事给你听。"

接着我告诉她好友玛丽的故事。玛丽是个视病犹亲的好大夫，她治疗病人霍华德达 10 年之久。霍华德小时候惨遭虐待，玛丽费了九牛二虎之力抚平他心中的创伤。在治疗的前两年，他至少被送医十余次，不是自杀未遂，就是嗑药、厌食。她一直为他打气，终于支持他完成高中、大学和新闻学院的学业。

"她的奉献实在令人叹为观止，"我说道，"有时她一周和他会面七次，而且大幅降低收费。其实我经常警告她，应该保留一点自己的私生活。她的家就是办公室，而她先生也对霍华德在周日还来找玛丽大感不满，觉得玛丽花了太多时间和精神在他身上。霍华德是很好的教学案例。每一年玛丽都会请他在精神医学基础课程的课堂上现身说法。有很长一段时间，可能有 5 年，她都在准备一本精神分析的教科书，其中又以霍华德的案例为主轴，每一章都是以她对他所花的心血为基础（当然用了化名）。多年来，霍华德对玛丽都心存感激，完全支持她，不但愿意现身说法，也乐于让她当作写书的题材。"

"最后书已经写好准备出版，然而现在常驻国外的霍华德（已婚，有两个孩子）突然改变主意了，他写了一封简短的信，只说他不想再回顾以往。玛丽要他解释，但他不愿说明，甚至完全断了音讯。玛丽气急败坏，多年写书的心血毁于一旦，别无他法，只得放弃出版，甚至多年后想到这件事，她还痛心疾首。"

"欧文，我知道你的意思。"艾琳拍着我的手，不让我说下去，"我知道你不想步玛丽的后尘，但我可以保证，我不但让你写我的故事，而且主动要求你写它。要是你不写，我反而会失望。"

"你这么说倒叫我却之不恭了。"

"我是说真的。我的意思是，有太多治疗师不知道如何治疗丧偶者，而由我们的治疗过程，你却有许多心得，我不希望就此结束。"

艾琳注意到我扬眉，继续说："是的，我终于明白你的想法，你不可能永远在我身边。"

"好，"我拿出笔记本说，"我有许多心得，也把这些心得全都记在书里，但我也希望记载你的想法，艾琳。你能不能总结一下，告诉我绝不能省略的重点。"

艾琳犹豫道："你知道的和我一样清楚。"

"我想听你说。先前我曾告诉你，我原本希望我们一起写书，但你不愿意，那么现在来试试看。自由联想——只要你想到的都可以说出来。告诉我，由你的观点，我们治疗过程真正的核心在哪里？"

"关怀。"她脱口而出，"你一直都在我身边，侧耳聆听。就像我一分钟前帮你擦胡子上的卡布其诺咖啡泡沫一样——"

"你是说，当着你的面？"

"是的，我只想要一件事：让你待在我身边，同时愿意接受我身上散发出来的倒霉事，那就是你的工作。"

她继续说："治疗师往往不了解这点，只有你能办到。我的朋友不可能陪着我，他们忙碌不堪，根本连哀悼杰克的时间都没有，要不然就是避开我，或是埋藏他们自己面对死亡的恐惧，或者要求——的确是要求，要我在丧偶一年之后就该复原。"

"而这方面你却做得最好。"艾琳说。她说得又快又流利，只偶尔停下来啜饮咖啡。"你总是耐心地亲近我，不只是亲近，而且不断地伸手要求，鼓励我说出一切，不论是多么可怕的事物。如果我不说，你就猜——而且猜得很准，于是我会告诉你我当时的感觉。"

"你的行动也很重要，光是言语是办不到的。因此，每当你让我向你发火之后，就得自动多会面一次，对我有很大的意义。"

她停下来，我问她："我还有没有其他对你有用的行动呢？"

"你来参加杰克的葬礼，你外出旅行时还记得打电话给我，问我的情况，在我需要时握住我的手。我很珍惜这一点，尤其在杰克濒死之际。有时候我觉得要不是有你的手，我就会在生命中迷失方向。我一直觉得你是无所不知的先知，总能洞察先机，一直到几个月前我觉得你开始变小之际，这样的印象才逐渐消失。我一直觉得你没有预定规则，完全是临机应变，因材施教。"

"那对你是什么样的感觉？"

"很害怕。我希望你像《绿野仙踪》里的巫师那般。我迷路了，只希望你认得回家的路。有时我会怀疑你究竟是真的临机应变，还是胸有成竹，只是装作临机应变的样子。"

"还有，你知道我坚持要自己找出解决的方法，因此我觉得你的临机应变是一个巧妙的计划——想要解除我的武装。"

"还有……你是不是要我这样想什么说什么，欧文？"

"正是如此，继续说。"

"你告诉我其他丧偶者的反应，或是你研究的结果，我知道你是想要向我保证，而且偶尔我也的确了解自己置身某一个过程，我知道自己会像其他人那样经历某些心理状态，但那样的感觉却让我觉得自己没什么价值，好像你使我变得很平凡。反而在你临机反应时，我却从不觉得自己平凡，只觉得非常独特，我们一起在找出路。"

"还有没有其他有助于你的事?"

"有一些小事:或许你已经记不得了,但在我们第一次治疗最后,我走出门之时,你的手拍着我的肩说:'我会和你一起经历这些过程。'我从没有忘记你那句话,这给了我很大的勇气。"

"我记得,艾琳。"

"有时你不再分析解释,只是说些直接反应的话语:'艾琳,你做了噩梦,可以想象是最可怕的噩梦。'这也很能安慰我。尤其是你说——虽然不常说,你欣赏尊敬我坚持下去的勇气。"

我正想说些什么,抬眼却见她瞄着表说:"老天,我得走了。"

没想到竟是她来结束我们的会面!情势逆转了。有一会儿我真想装作生气,指责她竟然要弃我而去,不过后来还是觉得不要这么幼稚比较好。

"我知道你在想什么,欧文。"

"什么?"

"你一定觉得局势逆转很有意思,是我而非你结束这次的会面。"

"一针见血,艾琳,和平常一样。"

"你可以待几分钟吗?我约了凯文在对街吃午饭,我想带他来见你。"

在等艾琳和凯文的时刻,我想把她对治疗的说法和我的想法相对比。据她所说,我最有帮助的地方是关怀她,不因她所说所做的而退缩,握着她的手,随她的情况临机反应,肯定她所承受的严酷考验,允诺和她一起经历这一切。

我对这些小事不以为意。我的治疗方法当然比这些更复杂奥妙！然而我越仔细思量，越觉得艾琳的看法是正确的。

她所谓的"关怀"的确是我精神治疗的关键观念。由一开始，我就觉得"关怀"是我所能提供艾琳最有效的办法，而这不只是意味着仔细聆听，或鼓励她的发泄，或安慰她，而是意味着我得尽量亲近她，把重心放在"我们之间的空间"，放在我们"此时此地"，在此地（我的办公室）和此刻（眼前这一刻）的关系。

要因人际关系问题而求助的病人把重心放在此时此刻是一回事，而要艾琳检视此时此刻，则又是另一回事。想想看：要一个陷入绝境的女子（丈夫因脑瘤而濒死，母亲、父亲、哥哥和教子也都遭到不幸），把她的注意力放在她和原本几乎不认识的专业治疗师之间的关系上，是多么荒谬啊！

然而我却这样做了。每一次会面，我都问她关于我们关系的问题，从无例外："你在这间办公室和我在一起，感觉到怎样的孤寂？""你觉得今天和我之间有多远的距离？"如果她一如往常说："很远很远。"我就会直截了当地问她："我们今天的会面，你最先注意到什么？"或是"我说或做了什么，让你感到距离越来越远？"而最常问的则是："如何缩短我们之间的距离？"

我总是重视她的答案。若她说："缩短我们距离的办法，就是介绍一本好小说给我读。"那么我一定会推荐一本小说。如果她说她太绝望，言语难以形容，我所能做的只是握住她的手，那么我会把椅子拉近，握着她的手，有时一两分钟，有时 10 或 15 分钟。有时我对握着她的手会感到些许的不安，倒不是因为法律规定我们不得碰触病人：屈从这样的规则实在是一种侮辱。我之所以会觉得不安，是因为握着她的手赐予无限的力量，令我觉得自

139

己真是无所不知的先知，拥有自己所不明白的能力。最后，在杰克死后数月，艾琳不再要求，也不再需要我握着她的手了。

在我们的治疗中，我一直坚持"关怀"，不会被她的冷漠言辞逐退。有时她说："我麻木不堪，今天不想谈话。我真不知道自己今天为什么来这里。"这时我会说："但你已经来了。你心里有某部分想来，我今天就要向那部分说话。"

只要可能，我会尽量把所有的事件都转为此时此地的事件。例如，艾琳常直接走进我的办公室，到她的椅子前坐下，一眼也不看我。我通常都不会忽略这一点，有时她会回答："看着你会让你成为有血有肉的人，意味着你不久也会死亡。"或"看着你让我觉得自己无助，觉得你对我的影响太大。"或"我看到你的眼睛命令我赶快痊愈。"

每一次治疗的结束也是问题重重：她恨我掌握她的一切，不肯离开我的办公室。每一次结束治疗就像死亡一样。在她最难过的时期，她总担心一旦我走出她的视线就会死亡。她也觉得结束每一次的治疗，显示她在我心中多么没有分量，我多么不关心她，或是我多么快就把她忘怀。若我去度假或出差，就常会造成这样的问题，因此有几次我不得不打电话保持联系。

她希望我恭维她，告诉她我在一般病人当中更重视她，希望我把她当成异性而产生欲望。

通常着重"此时此地"在精神治疗中有许多益处，不但让治疗有了立即感，也能提供病人实时的数据，而不只是依赖过去的记录。由于人和此时此地之间的关系正预示了他和其他人的关系，因此可以立即显示出个人建立关系时所遭逢的困难。而且把重心放在此时此地，能够让治疗更精准、更有效，病人就好像在实验室里一样，可以先尝试他们的新行为，再应用于外在的世界。

更重要的是，着重此时此地的做法使我们之间更加亲近。艾琳自信满满、冷若冰霜的外表让人退避三舍，刚开始我让她参加六个月的治疗团体，其他成员的反应就是如此。虽然她很快就获得其他团员的尊敬，也提供了不少帮助，但自己却很少获得回报，因为她一副自足的样子，仿佛告诉其他成员她根本不需要他们的协助。

只有她的先生破除了她外表的形象，挑战她建立更亲密、更深沉的关系。唯有和他在一起，她才能流露出内心软弱如小女孩的那一面，而杰克死后她丧失了和人建立亲密情感的基石，我希望自己能成为那块基石。

我是否想要取代杰克？这是个愚蠢却又惊人的问题。不，我从不想这样做，但我的确希望重新为她建立一座亲密之岛，让她每周至少有一两个小时能够摆脱医师的身份，表现自己脆弱的一面。渐渐地，她能够承认无助的感觉，而向我寻求慰藉。

在她先生过世后不久，她的父亲亦撒手人寰，她一想到要搭机回家参加葬礼，就感到心惊。她无法忍受面对罹患阿尔茨海默氏症母亲的念头，也不敢想象父亲的墓穴就临近哥哥的墓碑。我劝她不要回去奔丧，而且刻意安排在他父亲葬礼的时间举行悼念，请她带父亲的相片来，我们一起讨论她对他的回忆。那一次的经验收获很丰富，她后来也向我道谢。

亲密和诱惑之间的界线限在？她会不会太依赖我？她能不能摆脱过去？她会不会对我产生移情作用，而致不可自拔？这些念头纠缠着我，但我决心将来再烦恼。

这种此时此地的做法在艾琳身上非常有效，她从没有提出过反对的议论："这没有意义……毫不相干……你不是我的重点……我的生命中没有你的一席之地——我一周只见你两次，而我先生才刚过世两周——为什么你一直要逼我说我对你的感觉？这太荒谬了……谈什么我的眼睛为什么不看着你，或是我走进办公室的神情，这些鸡毛蒜皮有什么好谈，我生命中有太多重要的事了。"相反地，艾琳立刻就明白我的用意，对于我的苦心似乎也很感激。

艾琳说我"因材施教"也很有意思。最近我才说过："好的治疗师应该针对每一个病人各有治疗法。"这远比荣格所谓的我们该针对每一个病人，创造新治疗语言的说法更激进，然而激进的时刻必须用激进的方法。

现代医保制度对精神治疗领域造成极大的威胁，它要求：①治疗必须短得不切实际，只着重外在的症候，而未探究造成这些症候的内在因素；②治疗必须便宜得不切实际，简直是惩罚花了许多心血训练学习的专科医师，以及被迫接受不专业治疗的病人；③治疗师必须依循医疗模式，拟就确切的医疗目标，逐周评估；④治疗师仅能以经验认证治疗（EVT）为方法，因此将以精简的认知—行为模式为主轴，显示症状的缓和。

这些错误的做法虽有危害，却远不及一成不变的死板治疗法来得大。有些就诊计划和卫生单位要求治疗师照本宣科，依据规定安排每一次治疗的项目，主管单位认为成功的治疗就是取得或分发病人的各种数据，而未看重医患之间的关系改善，这真是大错特错。

　　我在治疗艾琳之前的丧偶研究中，所调查的 80 名丧偶人士，没有一个和艾琳一样。没有一个像她一样接连遭逢这么多失亲的痛苦——丈夫、父亲、母亲、教子，也没有一个像她那样曾在生命早期痛失挚爱的手足，没有一个像她和另一半之间如此恩爱逾恒，互相依赖，也没有一个看到另一半一点一滴地遭脑瘤残酷地吞食，更没有一个像她一样身为医师，因此很清楚另一半的病况和预后。

　　艾琳是独特的病人，因此需要独特的治疗，是她和我一起设计的治疗。而重要的是，并不是她和我设计这样的治疗之后再执行，恰巧相反：共同设计一个独特的新治疗法，正是治疗本身。

　　我看看表。艾琳到哪里去了？我走到咖啡馆的门口朝外张望。她来了，就在一条街之外，和一个男人手牵着手，那必是凯文。艾琳和一个男人手牵着手。可能吗？我想到自己费尽多少唇舌向她保证，她绝不会注定孤单一辈子，总有另一个男人会出现在她的生命里。老天爷，她那时多么顽固啊！而当时她又有多少机会：她刚丧偶那阵子，追求的男人一箩筐，而且全都是既有魅力，条件又很适合的。

　　她总是用数不清的理由拒绝一个又一个的男人："我不敢再爱，因为我没办法再承受下一次的失落。"（这个理由永远列在表上第一个，也使得她拒绝了任何比她年长或是身体不在巅峰状态的追求者。）"我不想爱他而克死他。""我不想背叛杰克。"她拿每一个男人和杰克比，都觉得逊杰克一筹（他熟识她的家人，是她哥哥亲手挑的妹夫人选，象征了她和亡兄、亡父和濒死母亲的一线联系）。此外，艾琳也认为没有其他男人能了解她，能不像弗洛斯特诗里的农夫那样，把锹铲带进厨房，除非自己也刚丧偶，体会到自己最后的命运，也领略生命之宝贵。

这重重条件根本是鸡蛋里挑骨头：健康、强壮、苗条、比她年轻、刚丧偶、对艺术文学和生命存在的课题极端敏感。我快要受不了艾琳和她所定的择偶标准了，我想到我曾治疗的其他丧偶女士，她们可能会使出浑身解数，只要追求艾琳的男人看她们一眼。我尽力掩饰这些想法，但她却洞悉一切，包括我没有说出来的念头，对我想要她和其他男人重建关系的想法非常气愤，指责我："你想要迫使我妥协！"

或许她也感受到我觉得她对我依赖日深的想法。我认为她对我的依赖，是她拒绝和其他男人建立关系的主要原因。老天爷，我会不会永远背负她的重担呢？或许这是我太成功地占有她生命一席之地的惩罚。

接着凯文来到了她的生命。从一开始，她就知道他是她一直在寻觅的对象。我佩服她的定见——她的先见之明。我想到她所订下的各种可笑的标准，他的确符合每一个条件：年轻、健康、敏感——他的确是丧偶者协会的一员，他的妻子去年才去世，他和艾琳都了解对方的悲痛。一切都如此符合，使我不禁为艾琳，也为我自己的解放欢喜。在她邂逅凯文之前，已经完全恢复了工作和活动，然而在内心深处，却有难以描绘的悲哀和孤寂，如今这也迅速地消融了。她的进步是因邂逅凯文而起的？还是因为她进步所以才能敞开心扉接纳凯文？抑或两者兼有？我无法确定。

现在她带凯文来见我了。

他们来了，走进咖啡馆的门，朝我而来。我为什么感到紧张？看看那人：他长得可真帅，又高又强壮，好像每天都做铁人三项运动似的。那个鼻子……挺得不像话。好了，凯文，放开她的手，够了！要不喜欢这样的男人太难了。哦，我得和他握手了。为什么我的手出汗出得这么厉害？他会不会注意？管他呢！

"欧文，"我听到艾琳说，"这是凯文。凯文，这是欧文。"

我微笑着伸出了手，咬紧牙关和他打招呼。你这家伙，我心想，最好好好照顾她，而且，绝不准早死。

第五章 双重曝光

"赖许医师，就是因为这样我才想放弃。世上根本没有好男人。要是他们已经40多岁还没有结婚，一定是非残即障，其他女人不想要，把他们给踢出来的。我最后三次约会的男人都没有退休金，谁会尊重他们？你会吗？我想你早就未雨绸缪，为退休存了一大笔钱吧？别担心，我知道你不会告诉我这个的。我已经35岁了，早上醒过来，就看到大大的35。人生已经走了一半。我越想前夫就越气，他耗费了我生命中最宝贵的10年光阴。10年——我不能不想这个。这真是梦魇。等他终于离开，我也梦醒，环顾周遭，我已经35了，人生也荒废了，每一个好男人都已经被别人抢走了。"

几秒钟的静默。

"你在想什么，梅娜？"

"在想自己身陷泥沼，在想到阿拉斯加去，那里男多女少。

还是上商学院，那里机会也不错。"

"待在这房间和我在一起，梅娜。今天你在这里的感觉如何？"

"你指的是什么？"

"指我常指的那些。试试看，说说这里的情况，你我之间。"

"失望沮丧！又白花了 150 美元，我却没有感觉好多少。"

"所以我又失败了，拿了你的酬劳却帮不上忙。告诉我，梅娜，你可不可以——"

梅娜猛地刹车，把车子偏过去，避开一辆切进她车道的卡车。她加油超过去，边喊"混蛋！"

她关掉录音机，深吸了几口气。几个月前，她开始求教于这位新的精神医师赖许，后者在治疗几周后开始把治疗过程录下音来，并在下一周把带子给她，让她在开车来就诊的路上聆听。每周她都交还他所录的卡带，让他把新的内容录在旧带子上。他说这是运用开车时间的一个好办法，她可不这么想，因为他们讨论的内容乏善可陈，叫人失望。她刚超过去的卡车赶了上来，闪灯准备超车，她停到路旁，边咒骂边看到卡车司机做了个侮辱的手势。假如她因听录音带分神而出车祸呢？可不可以告她的精神医师？她不禁笑了起来。梅娜侧身按了"倒退"键几秒，再按"放音"键。

"待在这房间和我在一起，梅娜。今天你在这里的感觉如何？"

"你指的是什么？"

"指我常指的那些。试试看，说说这里的情况，你我之间。"

"失望沮丧！又白花了 150 美元，我却没有感觉好多少。"

"所以我又失败了，拿了你的酬劳却帮不上忙。告诉我，梅娜，你可不可以回顾我们今天的这一个小时，回答我：我今天本来可以怎么做？"

"我怎么知道？我付钱给你就是要你找出来，不是吗？而且我还付了高额的酬劳呢！"

"我知道你不知道，梅娜，但我想要你想想看。我今天原本可以怎么帮助你？"

"你可以把我介绍给你有钱的单身病人。"

"你没看到我运动衫上有'我爱红娘'的字样吗？"

"你这浑蛋，"她边自言自语，边敲下"停"键："我付你一个小时150美元，就为了听你说这些废话？"她再按下"倒退"，之后又是"放音"。

"……可以怎么帮助你？"

"你可以把我介绍给你有钱的单身病人。"

"你没看到我运动衫上有'我爱红娘'的字样吗？"

"这不好笑，大夫。"

"你说得对，对不起。我要说的是，你和我保持这么遥远的距离，从不告诉我你对我的感受。"

"你，你，你。为什么老是说我对你的感觉？你又不是重点，赖许大夫。我又没有要和你约会，虽然和你约会可能远比我们现在这样对我有更大的帮助。"

"让我们重新来过。梅娜，你原先来找我，是为了要改善你和男人之间的关系。在我们第一次治疗时，我说过要检讨你和别人的关系，必须先检讨你和我在这间办公室里的关系。在我办公室的这个空间应该是安全的场所，我希望你可以比在其他地方更自在地说话。在这个安全的地方，我们可以检讨我们相互之间建立关系的方法。为什么这么难懂？让我们再看看你在这里对我的感觉。"

"我已经说了'失望沮丧'。"

"说点更私人的感觉，梅娜。"

"失望沮丧就是私人的感觉。"

"的确，就某方面而言是的，这让我知道你心里的感受。我知道你心里转个不停，在这里也一样，我也和你一样觉得晕眩。但光是'失望沮丧'不足以让我了解我们之间的关系，想想看我们之间的空间，请你在那里待个一两分钟，今天这块空间是什么模样？你刚才说宁可和我约会，而不要接受我治疗是什么意思？"

"我已经告诉过你了，什么也没有，这块空间空荡荡的，只有失望沮丧。"

"这——现在发生的一切正是我所谓的，你刻意避开和我真正的接触。"

"我很迷惑，一头雾水。"

"我们的治疗时间快结束了，梅娜，不过在结束之前再试试看几周前我教你做的那个练习。只要花一两分钟，想想看我们可以一起做的事情。闭上眼睛，让某个情境浮现在你心中，不论什么情境都好。请你描述一下。"

沉默。

"你看到了什么？"

"什么也没有。"

"勉强一下，设法让它发生。"

"好，好，我看到我们一起边走边谈，非常愉快，是在旧金山的一条街上。我握着你的手，带你去单身酒吧，你不太情愿，但还是跟着我进来了。我要你亲眼看看……看看那里真的没什么合适的男人了。你上周不是提到单身酒吧，就是提到网络红娘，可是网络的情况比酒吧还糟，我真不敢想象你竟然给我这样的建议。你想让我在计算机屏幕前和别人建立关系，连对方长什么模样都不知道……甚至——"

"让我们回到你所想象的情境。你接下来看到什么？"

"一片黑暗——什么也看不见。"

"这么快！什么使你无法待在你所想象的情境里？"

"不知道。觉得孤单、寒冷。"

"你和我在一起，握着我的手。现在有什么感觉？"

"依旧觉得孤单。"

"我们时间到了，梅娜。最后一个问题，最后这几分钟和今天开头几分钟有没有什么不同？"

"没有，一样。失望沮丧。"

"我觉得和你的关系更近了，我们之间的距离缩短了。你没有这样的感觉吗？"

"或许吧！不太确定，我还是看不出来我们在做什么。"

"为什么我觉得你心里有什么障碍，故意让你看不清重点？下周四同一时间吗？"

梅娜听到椅子拉开的声音，她走出室外，关门的声音。她转上208号公路时心想，真是浪费时间和金钱，这些精神医师也就和其他精神科医师一样。呃，有一点不同，至少他向我说话。有一会儿她想象他的面貌：他微笑着向她伸出双手，请她靠近一点。其实我喜欢赖许大夫，他和我同在，至少他关心发生在我身上的一切，而且他很积极：想要让一切继续进行。他已经做了一半，至少没有像前两个精神科医师一样让我枯坐在那里。她摇摇头摆脱了这些影像。他总是向她唠叨，要她记下她的白日梦，尤其是往返治疗途中所想到的那些，不过她可不会告诉他这些念头。

突然她再度由录音机里听到他的声音。

"嗨，我是赖许，回你的电话。对不起没接到你的电话，戴斯蒙，请在今晚 8 至 10 时拨 767—1735 给我，或明天一大早打电话到我办公室。"

怎么回事？她心想。她突然想到上次治疗后自己驾车离去，走了半条街才想到他忘记把录音带给她，于是回头去取。她把车双排停在古色古香的建筑外，三脚两步跑上长长的楼梯到他二楼的办公室，因为她是他当天最后一位病人，因此倒不担心突然闯入会打搅别人。他的门半开着，她长驱直入，听见他正对着另一台录音机说话。她说明来意，他把录音带由病人座位旁的录音机中取出交给她，对她说："下周再见。"显然她走的时候他忘了关上她位子旁的录音机，因此录下了一些声音。

梅娜把音量开到最大，听到一些杂音，可能是他清理马克杯的声音。接着又听到他打电话约人一起打网球。一阵脚步声，拖拉椅子的声音，接着是非常有意思的一段话：

"这是赖许医师为反移情讨论会口述笔记。3 月 28 日周四，病人是梅娜。"

关于我的笔记？真令人不敢相信。她既焦虑又好奇，一心想听个仔细，不觉倾身向喇叭靠过去，使车子突然打滑，差点失控。

她把车开到路肩，匆匆取出录音带，拿出随身听，倒带，插进耳机，再上高速公路，把音量开到最大：

这是赖许医师为反移情研讨会口述笔记。3 月 28 日周四，病人是梅娜。这一个小时的治疗一如往常叫人丧气。大半的时间她都一如平常那般无病呻吟没有合适的对象，我越来越没有耐心了……暴躁——一度甚至失控说："你没看到我运动衫上有'我爱红娘'的字样吗？"非常对立，完全不像我，我记不得自己何时如此不尊重病人。我是不是想赶跑她？我从未说过支持或鼓励她的话，虽然我曾努力过，但她实在恼人……乏味、无知、愚昧、狭隘……她一心只想靠股票赚个两百万，找个对象，别无其他……狭隘，狭隘，狭隘……没有梦想，没有幻想，没有创造力，没有深度。她曾读过好小说，说过什么诗情画意的话语，或想过任何有趣的念头吗？老天，我真希望她能写一首诗，或至少试试写一首诗。如果能，那就是大功一件。她真令我殚精竭虑，一再地说同样的事，一再地为她所付的酬劳和我唠叨。一周又一周，我不断重复同样的动作，连自己也受不了。

今天，一如往例，我鼓励她反省自己在困境中的处境，她怎么造成自己的疏离。这个观念并不困难，但我好像在说天方夜谭似的，她就是不明白，还指责我不相信女人难找对象的事实。最后她也一如往常发惊人之语，希望和我约会。但当我想要再谈这点，想要问她对我的感觉，问她在这间房间和我在一起怎么还会觉得孤寂时，问题却更大了。她根本不肯去想，不愿和我建立关系，也不愿承认她不愿——坚持说这些都不相干。她应该不笨，名校韦斯利毕业的，高级制图工作，薪水丰富，比我的还多得多——硅谷有一半的软件公司都想要挖她的角，但我却觉得自己在和一个蠢人说话。我已经解释过多少次，为什么检讨我们的关系很重要。还有那些她的钱花得不值得的废话，我觉得受到了侮辱。她是个鄙俗的女人，故意消解我们之间任何一丁点的亲密。我做的一切对她都不够好——

一声喇叭惊醒了她，让她警觉车子在蛇行，梅娜的心怦怦跳，好险。她关掉录音机，再开了几分钟到岔口，转进小路，停好车，她倒带重听：

我觉得受到了侮辱。她是个鄙俗的女人，故意消解我们之间任何一丁点的亲密。我做的一切对她都不够好。每一次我问她我们的治疗关系，她就一副提防我，好像我想要侵犯她似的神情。我有这样的意图吗？我自我检讨：一点儿也没有。若她不是我的病人呢？她不难看，我喜欢她的头发，闪闪动人，胸部也很漂亮，不过我不敢多看，这得多谢高中同学艾丽斯。

有一次我正和艾丽斯说话，却一点也不自觉自己盯着她胸部瞧，直到她用手勾起我的下巴说："嗨，我人在这上面。"我永远不敢忘，艾丽斯可帮了我大忙。

梅娜的手太大了，我不喜欢，但她叠腿而坐丝袜窸窣作响的模样倒是很性感。是了，我想这里有一点性的成分。若我碰到她的时候还是单身，会不会对她有兴趣？或许会，我受她的外貌吸引，直到她张口哀叹，那时我一心只想逃。我对她毫无柔情，她太以自我中心，棱角分明——

嗒的一声，录音带到底了。

梅娜在惊诧中发动车子，开了几分钟，右转到沙加缅度街。再过几条街就到赖许大夫的诊所了。她很惊讶地发现自己竟然在颤抖。该怎么办？该向他说什么？赶快，赶快，再过几分钟他那混账的钟就要开始计时，一小时索费 150 美元。

有一件事可以确定，她告诉自己：我可不会像平常一样把录音带交回去，我还要再听一遍。我要撒谎说我把带子留在家里，忘了带来。然后我要转录他的带子，再把原带带回来。或者我干脆说带子不见了，要是他不高兴，管他呢！

她越想越觉得自己不该告诉他听了录音带的事。为什么她说伸出援手？或许她以后会告诉他，或许永远不会。这个混蛋！她把车停在他办公室前。四点整，该是谈话的时间了。

"梅娜，请进。"赖许医师老是叫她的名字，但她却一本正经地称他赖许大夫，虽然他指出这不公平，要她也叫他的名字厄尼斯特。那天他如常穿着深蓝色的开襟外套和白色的高领毛衣。难道他没有其他的衣服吗？她疑惑道。还有那双磨坏了的便鞋。休闲适意是一回事，邋遢是另一回事。难道他没用过鞋油吗？那件外套也遮不住他腰间那圈赘肉。她不禁心想：要是我和你打网球，一定要高高吊球叫你疲于奔命。

她告诉他忘了带录音带，他不经意地回答："没关系，下周再带来，我还有新的。"边拆开新录音带，装进录音机。

之后是如平常一般的静默。梅娜叹了口气。

"你似乎有点烦恼。"厄尼斯特说。

"没有，没有。"梅娜否认。虚情假意！她想道，多么假惺惺的人！假装关心我！你根本不在乎我烦不烦恼，你根本懒得理我。我知道你对我真正的感觉。又是一阵沉默。

"我觉得我们之间距离很远。"厄尼斯特说道，"你有同感吗？"梅娜耸耸肩："我不知道。"

"梅娜，我在想上一周的事。你回家时对我们的讨论有没有任何不快的感觉？"

"没有什么特别的。"我占了上风，梅娜告诉自己，今天可要物超所值了。我要看他冷汗涔涔，她沉默了好长一阵子才问："我该吗？"

"什么？"

"我该对上一次治疗有什么强烈的感觉吗？"

厄尼斯特一脸惊讶。他凝视着梅娜，而她也毫不畏缩地瞪着他。"呃，"他说，"我只是在想，不知道你会不会有什么感觉。也许对我那句'我爱红娘'运动衫的言语会有些反应？"

"你自己对那句话有没有什么感触，赖许大夫？"

厄尼斯特正襟危坐——她今天放胆直言让他觉得奇怪。"有的，我有很多感触。"他吞吞吐吐地说道，"都不是什么好的感觉。我觉得对你不尊重，我可以想到你一定对我很生气。"

"我是很生气。"

"而且觉得受到伤害？"

"没错，受到伤害。"

"想想那种受伤害的感觉。你觉得它会带你到别的地点？别的时间吗？"

哦，你别想。梅娜心想。这些日子以来，你不是一直都教我要留在此时此刻吗？"我们可以留在这里吗？可以留在这间办公室里吗？"她直率地说，"我想要知道你为什么这么说，你为什么——如你所说的，不尊重我。"

厄尼斯特又看了梅娜一眼，长长的一瞥。他在想该怎么处理。对病人的义务是第一要务，今天梅娜终于愿意和他建立关系了。几个月来他一直在鼓励、劝说、恳求她留在此时此地，因此他告诉自己，你该鼓励她，说真心话。

真诚为最上策。虽然厄尼斯特在其他方面是怀疑论者，但他始终认定真心诚意有很好的治疗力量。理智告诉他要真诚——不过是选择性的真诚。比如他绝不会向她透露自己两天以前在讨论会上向同行表达对梅娜的感觉——那种尖刻、不舒服的感觉。

这个讨论会是由十名治疗师在一年以前成立的，每两周聚会讨论一次，希望能更深入了解精神医师对病人的个人反应。每一次聚会将由一名成员举出一名病人，讨论自己在治疗过程中对病人的感情，不论对这些病人有什么样的感觉，如非理性的、原始的、爱、恨、欲、主动都要坦白陈述，并且探讨它们的意义和根源。

这个讨论会的成立虽然有许多目的，不过最重要的就是大家建立起共同的团体。隔离孤立是自行开业的精神科医师最常见的问题，因此医师参与共同的组织，来克服这样的问题：如反移情讨论会这样的学术团体，或是进修的组织、医院的协会，以及各种地区或全国的专业组织。

厄尼斯特很重视反移情讨论会，一心期待两周一次的聚会，不只是因为能和同行建立情谊，也因为可以就问题讨教。先前他曾求教于前辈史崔德，如今这段关系已经结束，讨论会是他唯一能和同行讨论病例的地方。虽然讨论会的重点是探究治疗师的内心而非关治疗，但讨论本身还是会影响治疗的过程。光是知道你会在讨论会上报告某个病人的情况，就足以影响你的治疗方法。而今天他和梅娜对坐，边想象讨论会的成员在周遭观察他，边推敲梅娜问他为何不尊重她的问题。他刻意约束自己，不说任何他不愿向讨论会成员报告的言辞。

"我不太确定原因，梅娜。但我知道上次我是因为不耐烦才脱口而出。你似乎很固执。我觉得自己好像一再地敲你的门，你却不愿开门。"

"我已经尽力了。"

"我猜那没有什么效果。在我看来，你明明知道为什么把重点放在此时此地、放在你我之间的关系上很重要，但却假装不明白。天知道我已经讲了多少次。还记得我们第一次治疗，你谈到前几位治疗师吗？你说他们总是遥不可及，不理睬你，不关心你？我告诉你我会一直和你在一起，我们的任务就是要探讨我们之间的关系，而你说很乐意？"

"这没有意义。你觉得我故意反对你。请告诉我，为什么我周复一周大老远地跑来花一个小时150美元的高价看你？150美元——也许你看来是小钱，对我可不是。"

"从一方面看它没意义，另一方面却有意义。我是这样看的：你的生活不快乐，你很寂寞孤单，你觉得没人爱你，也不会有人爱你。你向我求助——的确是很长的路途，而且也很昂贵——我听到了你的抱怨，梅娜。但你在这里却很奇怪，我想是恐惧。或许亲近会使你感到不舒服，于是你退缩了、封闭了，找我的麻烦，取笑我们在一起的作为。我知道你不是故意的。"

"要是你这么了解我，为什么还提什么运动衫上的字样呢？你还是没有回答这个问题。"

"我刚刚说我不耐烦，就是在回答这个问题。"

"那不像答案。"

厄尼斯特深深地看了他的病人一眼，心想：我真的认识她吗？她什么时候这么直率了？不过这倒好，不管怎样都比我们原本的情况好。我会尽量顺势而为。

"你说得好，梅娜。我那句运动衫的话不但愚蠢而且伤人，非常抱歉，不知道我怎么会说这样的话，我希望自己知道它怎么会脱口而出。"

"我记得录音带上——"

"我以为你没有听录音带。"

"我可没这样说。我说我忘了带录音带来，但我在家听过。运动衫那句话之前，我说要你给我介绍有钱的单身病人。"

"对，对，我记得。我印象很深刻，梅娜。不知怎么我一直以为我们的治疗对你没有太大意义，没想到你记得这么清楚。让我再谈谈上次我的感觉。我记得很清楚的是，你说要我给你介绍有钱病人的事让我很懊恼。就在那之前，我问你我可以怎么帮你，结果那就是你的回答。我觉得受了侮辱，你的言语伤害了我。我该不在乎的，但我也有我的弱点，也是我的盲点。"

"伤害？你未免太脆弱了吧？那不过是个笑话。"

"或许是，但或许不只是笑话。或许你是在说，我对你没什么价值，顶多只能介绍男人给你。我觉得自己受了轻视，或许那正是我失言的原因。"

"可怜的家伙。"梅娜低语道。

"什么？"

"没什么，没什么，不过是个笑话。"

"我不想让你用那种言语打发我，其实，我在想我们是不是该一周见面一次以上。不过今天时间已经到了，我们超过时间了。下周我们再由这里开始。"

厄尼斯特很高兴梅娜的时间到了。不过这次他高兴的原因和平常不一样：他并不是觉得无聊或生气，而是因为筋疲力竭、迷惑、惊愕，而且快要支持不住了。

但梅娜还没有完："你真的不喜欢我，不是吗？"她边拿起皮包边起身。

"正好相反，"厄尼斯特决心要和病人说个清楚，"我觉得这一次我和你特别亲近，今天有点紧张，也很困难，不过做得很好。"

"你没有针对我的问题回答。"

"但那是我的感觉。有时候我觉得和你较疏远，有时我又觉得和你很亲近。"

"但你真的不喜欢我吗？"

"喜欢并不是人类都有的情感。有时候你做的事我不喜欢，有时候我却很喜欢你的作为。"

是啊，是啊，就像我的大胸脯和丝袜。梅娜边取车钥匙边想道。厄尼斯特送她到门口，一如往常伸出手来，她却退避三舍。她最不想的就是和他肢体接触，但似乎无法拒绝，只好轻轻碰一下他的手，赶快放下，头也不回地离开。

当晚梅娜辗转反侧。她忘不掉赖许大夫在录音带中所说对她的印象："无病呻吟""乏味""有棱有角""狭隘""鄙俗"。他的言词在她的心里回荡，虽然可憎，但却没有任何一句像他最后所说，她从没有说过什么有趣或美好的事物那般伤她的心。他希望她写诗那番话，更让她热泪盈眶。

陈年往事飘过她的心头。在她 10 岁、11 岁时写过许多诗，不过一直保守秘密，尤其不让她那行为粗暴又爱吹毛求疵的爸爸知道。早在她出生之前，他就因酗酒丢了外科住院医师的差使，终其一生都是梦想幻灭宿醉未醒的小镇医师，以家为诊所，每天晚上都在电视机前用老式酒杯喝波本酒。她从没办法吸引他的注意，他从没有表达过对她的爱，一次也没有。

从小她就爱窥探秘密。一天她父亲出门应诊，她偷翻他那张胡桃木书桌的抽屉，发现在病历下头有一包泛黄的情书，有些是她母亲写的，有些则是一个名叫克丽丝蒂的女人写的。她很惊讶地在信的下面发现一些她写的诗，摸起来湿湿的。她把它们偷回来，而且出于本能也顺手偷了克丽丝蒂的情书。几天后，一个阴霾的秋日下午，她把它们堆在枯枫叶中间，和她其他的诗一起，一把火烧了。整个下午她都坐在那里看着风把诗的灰烬吹得四处飞扬。

在那之后，她和父亲之间似乎笼罩着一层沉默的纱，无法穿透。他从未承认他侵犯她的隐私，她也从未坦承她侵犯他的隐私。他从没有提过信不见了，她也从没说过诗不见了。虽然她此后再也没写过任何一首诗，但却不禁疑惑他为什么保存她的诗页，为什么它们湿漉漉的。她偶尔会幻想他读她的诗，因诗的美而感动落泪。几年前她母亲打电话给她，说她父亲中风情况危急，虽然她立即赶往机场，搭下一班飞机回家，却只在医院里看到空床，透明塑料罩罩在空荡荡的床垫上。几分钟之前，他们才把他的遗体搬走。

她初识赖许医师时，最惊讶的是他办公室那张古色古香的桌子，竟然和她父亲的一模一样。在长久的沉默中，她常常发现自己凝视着那张桌子。她从没有把那张桌子的秘密告诉赖许医师，也没有提过她的诗，以及她和父亲长久的沉默。

厄尼斯特当晚也睡不好。他一次又一次地回想自己在研讨会上如何报告梅娜的病例。他们几天前才聚会过。虽然讨论会原本并没有固定的领袖，但因为讨论常常很热烈，气氛火爆，因此几个月前他们请了德高望重的精神分析师华纳医师为顾问，华纳医师曾发表过许多反移情的文章，发表在专业期刊上。厄尼斯特对梅娜的描述引起了热烈的讨论，华纳医师虽然赞许他对同行的坦诚，但也狠狠地批评了他的治疗过程，尤其是他"运动衫"的那一段。

"有什么好不耐烦的？"华纳医师边说边刮着烟斗，填上气味呛鼻的烟丝，打火点燃。当初邀他任顾问，他就言明吸烟斗是条件之一。

"她反复唠叨？"他继续道，"她无病呻吟？她向你提出无理的要求？她吹毛求疵，不是个感恩的好病人？老天，年轻人，你才看了她 4 个月！总共是多少，不过 15 或 16 次而已？而我现在在看的一个病人，整整第一年，一周四次，总共 200 个小时，一直不停地重复自己。一次又一次，同样的话翻来覆去，一再地感慨自己该生在别人家，交不同的朋友，长不同的脸孔，不同的身材，同样地惋惜永远做不到的事。最后她终于受不了自己，受不了一再地重复。她终于明白自己不但浪费了治疗的时光，甚至也虚掷了一生。你不能把真相丢在病人的眼前，希冀她能明白：真相是需要自己去发掘的。"

"年轻人，你必须摆脱对病人的好恶喜怒，"他坚定地说，"就像弗洛伊德当年所提的那样。这就是我们得做的——毫无预设立场、毫无偏见、没有局限我们见解的个人反应。这就是精神分析的精要。如果做不到，那么整个治疗过程就会崩溃。"

此时讨论会好像炸了锅一样，人人都争先发言，华纳医师对厄尼斯特的指责就像闪电一般，引爆了几个月来累积的紧张情绪。讨论会的成员原本期待的是借着讨论磨炼他们的医术，对于华纳医师倚老卖老早就不满，他们每天得奉医保单位的指示，在严格约束的状况下进行诊疗，而华纳医师对他们处处受限的窘境似乎也漠不关心，令他们气愤难平。华纳医师是少数不受医保束缚的幸运儿，他不收医保病人，只收富有的病人，一周四次诊疗，难怪可以轻轻松松地在一旁说风凉话。讨论会的成员对他那副自鸣得意的样子，和无条件接受传统教条的作风很不以为然，因此一起声援厄尼斯特。

"你怎么可以说厄尼斯特只看了她 14 次？医保单位规定我们

只有 8 次，而且除非我能够由病人口中诱出如自杀、报仇、放火或杀人这类的字眼，才有可能由根本没受过临床训练的病历主管手中求来多几次的诊疗。"一位同行说。

另一位则说："华纳医师，我可不像你这样肯定厄尼斯特犯了错。说不定运动衫那句话根本不是脱口而出，说不定病人就是要听这样的话。我们曾讨论过，诊疗的那个小时正是病人生活的缩影，因此若她使厄尼斯特感到无聊、受挫，那么她周遭的人一定也有同样的感觉。也许他让她认清真相反而是一种帮助，也许他根本撑不到 200 个小时，没办法让她终于受不了自己。"

还有一位说："华纳医师，有时候理论和现实会脱节。我就不信病人会感受到治疗师的情绪。我的病人都是面临危机才会来求教，他们一周才来一次，可不像你的病人一周可以来四次。他们忙着倾诉自己，哪有空管到我的情绪。无意间受到治疗师情绪的影响——我的病人没有那个时间，也没有那个欲望。"

华纳医师没有放过这段话："我知道这个讨论会的主题是反移情，而非治疗技巧，但这两者是一体的两面。不论是一周一次，还是一周七次，都没有很大的关系。反移情的处理一定会影响到你的治疗，治疗师对病人的情感不可避免地会传达给病人，我从没有看到不是这样的例子。"他挥着烟斗强调："这就是为什么我们非得了解，并且努力减少我们对病人的神经反应。"

"然而在这个——这个运动衫的例子上，"华纳医师继续说下去，"我们甚至没有考虑到病人对治疗者情感的感受。赖许医师公然侮辱病人，这是毋庸置疑的，我不能逃避责任，而必须指出这个严重的治疗过失。不要以为你们在加州就可以无法无天。治疗的第一步是什么？你得先建立一个安全的架构。在这次的事件之后，赖许医师的病人怎么可能再自由联想？她怎么能再相信治疗师会完全摆脱个人喜恶地看待她的言词？"

"治疗师真的能做到摆脱个人喜恶吗？"厄尼斯特的好朋友大胡子朗恩问道。他和厄尼斯特自医学院时期就因共同打倒偶像而结为莫逆。"弗洛伊德自己也没做到，你看他的病人——多拉、鼠人、小汉斯。他总是会参与病人的生活。我不相信人能做到完全中立，史密斯出的新书就讨论这一点。你永远不可能真正地了解病人真正的经验。"

"但这并不表示你就该放弃，而让个人的感觉扰乱治疗。"华纳医师说，"你越中立，就越能揣摩病人的原意。"

"原意？揣摩其他人的原意根本是无稽之谈。"朗恩反击，"我们沟通的途径原本就漏洞百出。首先，病人有一些情感化为他们自己的意象，接着变成他们喜爱的字词——"

"你为什么说有一些？"华纳医师问道。

"因为他们有很多情感是说不出来的。不过让我先说完。我要说的是：病人化意象为言语，就连这个过程也并不纯粹——文字的选择深受个人想象中与听众关系的影响，而这还只是传达的部分。接着再谈另一面：若治疗师要掌握病人言语的意义，必须把这些言语转译为他们自己私人的意象，再化为自己的情感。到这个过程最后，可能会有什么样的配对？一个人有多大的机会了解另一人？或者换种说法：两个不同的人能用同一种方法互相聆听吗？"

"就像我们小时候玩的传话游戏。"厄尼斯特插嘴，"大家排成一圈，由头一个人传一句话给第二个人，以此类推，到最后传给原先说话的人时，就会发现和原来的话有很大的出入。"

"这表示聆听并不是录音，"朗恩一个字一个字地说，"聆听是创造的过程，因此说精神分析是一门科学，总叫我不以为然。它不是科学，因为科学要能正确地估量可靠的外在数据。而这在治疗时是不可能的，因为聆听一种创造——治疗师的心灵边衡量边扭曲。"

"我们都知道自己会犯错，"厄尼斯特插进来，"除非我们蠢到相信'纯净的知觉'。"几周前他读到这个词，就一心想要把它用在对话中。

在辩论时从不退缩的华纳医师面对学生的炮轰不为所动，而且坚定地回答道："不要迷惑，以为说者的思想和听者的感受非得一模一样才行，我们能期望的只是大概而已。不过，"他问道："健全的人比把一切都看成危害自己的偏执狂，更能理解说话者的意图，这点总没有人怀疑吧？我觉得我们太低估了自己了解对方或重建过去的能力，因此赖许医师，你在治疗时才会只着重此时此地。"

"怎么说？"厄尼斯特冷静地问。

"因为你是我们所有人中，最怀疑正确回忆和重建病人过去的一位。我觉得你可能做得太过分，使病人也觉得迷惑。的确，过去是难以捉摸的，而且常随病人心绪而改变，而我们的信念也会影响我们的记忆。但我依然相信这里面有真正的答案，让你明白'哥哥真的在我三岁时打了我吗？'"

"这个问题没有真正的答案。"厄尼斯特反驳道，"它的背景——他是故意还是开玩笑打你，用力给你一拳还是轻轻碰你一下，永远不可考证了。"

"没错。"朗恩声援道，"他是为自卫而打你，因为你方才打了他？或是为了保护妹妹而打你？或者他是因为做了你的代罪羔羊，才打你出气？"

"真相已经不可考证，"厄尼斯特又说，"这些全都是揣测，尼采在一个世纪以前就知道这点。"

"我们是不是离题了？"芭芭拉插嘴道，她是这个团体仅有的两名女性成员之一，"这不是反移情讨论会吗？"她向华纳医师说："我想进一言：厄尼斯特说了符合讨论会主旨的内容——说出他对病人内心的反应，却遭炮轰，这是怎么回事？"

"没错，没错！"华纳医师说。他蓝灰色的眼珠绽出光芒，显示他欣赏他们同心协力的讨论，他接着道："但请记住，我并不是批评赖许医师对梅娜小姐的感觉，哪一位医师对讨厌的病人会没有这些想法呢？我不是批评他的想法，而是批评他不能自制，他不能压抑这些想法，而在病人眼前表现出来。"

这段话又惹起一波抗议。有些人支持厄尼斯特公开表达自己情感的做法，有些人则批评华纳医师没有维持讨论会的信任气氛。大家都希望能在会里安全讨论，可不想因说出真话而遭炮轰，尤其这些批评是以已经不合时宜的传统分析方法为基础。

最后厄尼斯特自己说，讨论没有结果，要求大家回到主题。几位成员接着提到类似让他们筋疲力竭的乏味病人，但芭芭拉的话最吸引厄尼斯特的注意。

"这不像其他冥顽不灵的病人，"她说，"你说她让你懊恼，你从没有对病人这样不尊重。"

"是的，而且我不知道为什么。"厄尼斯特回答道，"她有几点叫我很恼怒。我最受不了她一再地提她付给我的报酬，不断地把这个过程化为商业行为。"

"这难道不是商业行为？"华纳医师插嘴道，"什么时候开始的？你给她服务，她回报你支票。在我看来，这明明是商业行为。"

"教民也交教区税，可是教堂礼拜却不是商业行为。"厄尼斯特说。

"是，这也是商业行为。"华纳医师坚持道，"只是情况更微妙，掩饰得更好罢了。读读祈祷书最后的那些小字：不交教区税，就没有教堂礼拜。"

"这是典型的分析还原法，一切都降低到最基本的阶层。"厄尼斯特说，"我可不吃这一套。治疗不是商业，我也不是商人。我不是为利而行医的，如果金钱重于一切，我就会改行了——法律、投资金融或是比较能赚钱的眼科或放射科。我把治疗看作博爱的义行，我一心悬壶济世，只是正好获得酬劳罢了，然而这个病人却一再地当我的面提钱的事。"

"你一再地施予，但她却不肯回报。"华纳医师以专业的语气说，似乎很同情。

厄尼斯特点点头："没错！她毫不回报。"

"你施予又施予，给她你最精华的心得，但她却一再地说：'给我一点有价值的东西。'"

厄尼斯特颔首道："这正是我的感觉。"他的声音柔和多了。

讨论如此顺利，没有任何人——甚至可能连华纳医师自己都没注意到他开始用自己专业的语气，也没有人注意到厄尼斯特迫不及待地投入治疗师安慰的温暖怀抱。

"你说这和你妈妈有点关系。"芭芭拉说。

"我也从没有从她那里得到任何回报。"

"她的阴影是否影响你对梅娜的感觉？"

"这和我与母亲的关系不同，我才是一直想逃避的人，我因她而感到难为情，我真希望自己不是她生的。我小时候，大约八九岁时，若母亲太靠近我，总让我觉得窒息。我记得曾告诉我的分析师：'母亲吸走了整个房间全部的氧气。'这话成了我的标语、主题，我的分析师一再地引述它。我常看着母亲心想，我该把她当成母亲来爱，但若她是陌生人，那我痛恨她的一切。"

"好了，"华纳医师说，"我们现在明白关于你反移情的某些重要讯息。虽然你请病人更亲近你，但却又不自觉地同时给了她'不要太接近'的讯息。你怕她会太接近，吸走所有的氧气。而无疑，她也接收到你的第二个讯息，因此配合你。我得再重复一次，我们不可能在病人面前隐藏这些情感，再强调一次，我们不可能在病人面前隐藏这些情感，这是今天的心得。我一定要一再地强调这点。没有任何有经验的治疗师会怀疑：我们的确会下意识地将心比心。"

"是的，"厄尼斯特的好友汤姆说，"接着你开始自觉，自问是否下意识地盯着她的胸部而不自知。我也经常如此。"

"她的性魅力和你想逃开的欲望结合在一起？你怎么解释这点？"芭芭拉问道。

"当然是我心中某些黑暗原始的幻想了，"厄尼斯特答道，"但这个病人本身也有某些让我恐惧的因素。"

就在坠入梦乡之前，厄尼斯特还在想该不该停止治疗梅娜。或许她需要女性的治疗师，他想道：或许我的负面感受太根深蒂固。然而他在讨论会提到这个问题时，每一个人，包括华纳医师，都说："不，你还是该继续治疗。"他们觉得梅娜最主要的问题是和男人建立关系，因此最好由男治疗师诊治。厄尼斯特不禁想道：太糟了。他真的很想脱身。

然而他也在疑惑，今天这次诊疗似乎有点奇怪，虽然在许多方面都还是和以往一样叫人不快，比如她一再地谈到收费的问题，但梅娜至少愿意面对他在这个房间里的事实。她向他挑衅，问他喜欢不喜欢她，要他说明他上次讽刺的话。真是让他心力交瘁，但至少有些不一样，有些真实的东西在发生。

她在下一次前往治疗的路上，又一次听了赖许医师可恶的录音，和上一次治疗的录音。不坏嘛，她想，她喜欢自己上次治疗时的表现，让这个吸血鬼老老实实地拿钱做事。她对他索费的抱怨令他不安，真是大快人心。她决心每一次都要重提这话。原本漫长的路程这次很快就到了。

梅娜开始说："昨天在上班的时候，我在洗手间听到同事谈论我。"

"哦？你听到什么？"厄尼斯特对偷听到别人说自己的言辞，总是兴趣盎然。

"我不爱听的批评，说我爱赚钱，我没有其他兴趣，也从不谈别的东西。说我很乏味，又很难相处。"

"哦，太糟了！听到人家这样说一定让你很难过。"

"是的，我觉得自己被我以为喜欢我的人背叛了，好像中了暗算。"

"背叛？你和她们是什么样的关系？"

"她们假装喜欢我、关心我，是我的朋友。"

"其他的同事呢？他们对你的感觉如何？"

"赖许医师，若你不介意，我倒希望照你平常所说的，讨论此时此地，把重点放在我们的关系上。我想试试看。"

"当然。"厄尼斯特的脸上闪过惊异的神色。他简直不敢相信他的耳朵。

"现在让我问你，"梅娜边说边把腿交叠起来，丝袜窸窣作响，"你也这样觉得吗？"

"怎样？"厄尼斯特进退维谷。

"我刚才说的。你觉得我狭隘、乏味、难相处吗？"

"我对你或任何人都不会只有一种感觉，而是随情况而定。"

"好，让我们说大致上，"梅娜问道，她似乎铁了心不肯退缩。

厄尼斯特觉得口干舌燥。他暗自咽了一口唾沫："呃，我们这样说好了。你逃避我或是对某些事一再重复，比如你的配股，或是和老板在工作上的争执，那时我觉得不能和你沟通，应该说比较疏远。"

"比较疏远？那是不是代表乏味？"

"呃，不是，我的意思是，社交场合的乏味不适用于治疗情况下。病人——我是指你，并不是要来取悦我的，我的重点放在病人怎么和我与其他人互动上，好——"

"但你的确觉得有些病人很乏味。"她打断他的话。

"嗯，"厄尼斯特由桌上抽了一张面巾纸塞在手心，"我时时检讨自己的感觉，如果我——呃——比较疏远——"

"你是指乏味?"

"呃，就某些方面。若我觉得——呃——和病人比较疏远，我不会把这当成一种评断，而是把这种感觉视为数据，我试图了解在我们之间所发生的事。"

厄尼斯特想擦手心的企图逃不过梅娜的眼睛。好，她想道，价值一个小时 150 美元的汗。"今天呢? 我今天乏味吗?"

"现在? 我可以百分之百确定你并不乏味也不难相处。我觉得和你建立了沟通的管道，有一点逼人。我尽量保持开放的态度而不自我防卫。现在你告诉我你的感觉。"

"哦，今天还不错。"

"'不错'? 还可以更模糊一点吗?"

"什么?"

"对不起，梅娜，拙劣的幽默。我只是说，我觉得你在逃避，而且隐藏你的感受。"

时间到了，她起身说："我可以告诉你另一个感受。"

"哦?"

"我有点担心会逼你太甚，让你太辛苦。"

"怎么说? 我太辛苦有什么不对吗?"

"我可不想你调高我的收费。"

"下周见，梅娜。"

厄尼斯特当晚想读书，但却觉得疲惫而且心神不宁。虽然当天他看了八个病人，但他想到梅娜的时间可能远比其他七个病人合起来还多。

当晚梅娜觉得精力充沛。她在网络上浏览了一番红娘网站，接着又上单身聊天室，最后打电话给好几个月没联络的姐姐，好好地聊了一阵。

梅娜终于入睡，她梦到自己抱着公文包朝窗外看，突然开来一辆奇怪的出租车，一辆像卡通一样的欢乐碰碰车，车门上写着"弗洛伊德出租车行"。过了一会儿，她睁眼再看，这些字变成了"诈骗出租车行"。

虽然她觉得伤心，对厄尼斯特也满怀厌恶，但治疗的过程似乎变得有趣得多，甚至在她工作时，也不由自主地期待着下一次的治疗。

假装偷听到同事谈话的计划收效良好，她想道，她还打算每一次都把他录音带里的话用上一点，下周她就要提他所谓的"无病呻吟"。

"我姐姐前两天打电话来，"她假意说，"说我小时候爸妈叫我爱哭鬼，好像有点道理。你说我该在你办公室这个安全的地方探索我在其他地方不能说的事。"

厄尼斯特拼命点头。

"因此我在想，你是否也觉得我很爱无病呻吟。"

"你所谓的'无病呻吟'是什么意思？梅娜？"

"你知道的——抱怨，用哀号的声音诉苦，发牢骚，让人人都恨不能拔脚就跑。我会不会这样？"

"你自己觉得呢，梅娜？"

"我不觉得，你觉得呢？"

厄尼斯特不可能再拖延回避或是撒谎，但他也不能说实话，因此他局促不安："如果你所谓的'无病呻吟'是指你会一再重复地抱怨，而且毫无效果——那么，是的，我曾听到你这样做。"

"请你举例。"

"我会举例，"厄尼斯特决定该讨论一下治疗的过程，"但让我先谈谈另一件事，梅娜，我对你这几周的改变大感惊讶，变得这么快，你有没有感觉？"

"改变，怎么改变？"

"怎么改变？几乎每一方面都有改变。看看你现在的作风——直截了当、就事论事、主动积极。就像你说的，你的重点放在此时此地，你在谈我们之间所发生的一切。"

"那样好吗？"

"好极了，梅娜，我很高兴看到这样的改变。坦白说，过去我曾觉得你根本没有注意到我和你同处一室，我说好极了，是因为你现在的方向对了，但你依然——该怎么说呢？依然偏颇——呃，尖刻？好像你还在生我气似的。我说的对吗？"

"我并不是生你的气，只是对我的人生感到失望。但你说你会告诉我'无病呻吟'的例子。"

这个以前反应太迟钝的女人，如今反应又太迅速。厄尼斯特得把全副心神放在对话上。

"等一下，别这么快。我可不接受那个词。梅娜，我觉得你好像要给我戴帽子。我说的是'反复'，而且我可以举例：你对主管的感觉。他多么没效率，他早该节约公司开支，早该开除一些废人，他的软弱心肠让你的公司股票损失不少，这些才是我所指的。你一提再提，一小时又一小时。就像你谈相亲时的情况一样，你知道我的意思。在那些时刻我觉得自己和你没有什么关系，也帮不上你的忙。"

"但这些事情对我最重要——你告诉我要分享我所想的内容。"

"一点也不错，梅娜，我知道这种情况令人进退两难，但问题不是你说的内容，而是你说的方式。不过我们不要离题。我们现在谈的正证明我刚才所说的——你现在不一样了，在治疗的过程中表现得更好更努力。"

"今天就到此为止，但下周我们由此开始讨论。哦，对了，这是上个月的账单。"

"嗯，"梅娜舒展交叠的双腿，故意把袜子磨得沙沙作响，瞄了一眼账单，再把它丢进皮包。"真让人失望！"

"什么意思？"

"依然一个小时 150 美元，难道表现好一点也没有一点折扣吗？"

下一周，她在看诊的路上再次听了厄尼斯特反移情的录音带，这回她决定要讨论他对她外表和性魅力的批评，这倒不难。

"上周，"她开炮说，"你说我们要由上次结束时开始。"

"好，我们由哪里开始？"

"上一次治疗最后，你说到我老是无病呻吟男女不平等——"

"哇！你老是引我的话，好像我真的说你在无病呻吟似的。我可没这么说，再说一遍，我可没这么说。我只说过你会重复。"

梅娜心知肚明，无病呻吟正是他用在录音带里的词。不过她一心要继续后面的精彩好戏，因此没有戳破他的谎言。

"你说你很受不了我谈单身男女约会不平等的现象,如果我不谈它,又如何能面对它呢?"

"你当然可以谈你生命中最关切的东西。我说过,问题是你怎么谈。"

"'怎么谈'是什么意思?"

"你有时似乎并不是向我说话,你一再地告诉我同样的事——男女比例不均,好像人肉市场一样,在单身酒吧中十秒钟凝视就可定江山,还有网络红娘的缺乏人性。你每一次说的样子,都好像头一次提到似的,好像你从没注意到自己是否已经说过这些,或者我对你如此重复自己会有什么样的看法。"

一片沉默。梅娜眼睛盯着地板。

"你对我方才说的有何感想?"

"我正在思考,有点难过。对不起我没有考虑到你。"

"梅娜,我不是在评断你。这件事能当面提出来,我能够给你回馈,这都非常好,那正是我们学习的方法。"

"在你自己陷身困境,好像恶性循环时,很难为别人设想。"

"如果你老是怪罪别人,就会一直留在这样的恶性循环里。无能的老板或是男女不平等或是营销部门的呆瓜,我不是说这些东西不真,我只是说——"厄尼斯特一个字一个字地大声说,"这些东西我帮不上忙。我能帮助你打破恶性循环的方式,是把重点放在你自己可能造成或是加强这些情况的东西身上。"

"我去参加单身聚会,男女比例是一比十,"梅娜迟疑地说,不再那么盛气凌人,"而你却要我注意自己的责任?"

"等一下!停下来,梅娜,我们又来了,回到原点。听着,我并不同意——男女聚会的情况的确是很困难，但我们的任务是让你改变自己，好让情况好转。我直说吧，你是个聪明而有魅力的女性，非常有魅力，要不是你老是被负面情绪左右，如怨恨和愤怒、恐惧和竞争，绝对可以碰到好男人的。"梅娜对赖许医师直言不讳感到吃惊。虽然她知道自己该针对他的话做出响应，但依然决心依原计划行事。"你从没说过我有魅力。"

"你不觉得自己有魅力吗？"

"有时会，有时不会。但很少有男人明白地告诉我，或者我可以由你这里获得第一手讯息。"

厄尼斯特接不了腔。该说多少？想到自己得重复他几周前在反移情研讨会上说的话，不禁让他却步。"我猜男人不回应你，并不是因为你的外表。"

"若你还是单身，你会对我的外表有兴趣吗？"

"同样的问题，我已经回答了。一分钟以前我才说过你是个有魅力的女人。因此告诉我，你究竟想要问什么？"

"不，我问的问题和刚才不同。你说我有魅力，但你还没有说你会不会回应我的魅力。"

"回应？"

"赖许医师，你在逃避。你明明知道我的意思。若我不是以病人的身份来见你，而是和你在某个单身场合见面，你会怎么做？你会瞄我十秒钟然后走开吗？还是会挑逗我，甚至一夜情，打算之后再开溜？"

"我们可以先看看我们之间的进展吗？你真的很主动积极。怎么回事？你这样做会有什么样的好处？你心里究竟在想什么，梅娜？”

“但我不是照你说的做吗？赖许医师？谈我们之间的关系，谈此时此地？”

“没错，情况已经有所转变，而且朝好的方向走，我对我们之间的沟通觉得好多了，我希望你也有同感。”

一片沉默。梅娜不肯面对厄尼斯特的眼光。

“我希望你也有同感。”厄尼斯特再度尝试。

梅娜点点头，虽然很微弱。

“看到了吗？你点头，那么微弱，那么渺小！最多只有三毫米。我说的就是这个。我根本看不见。好像你根本不愿回应我，这就是让我觉得迷惑的地方。我觉得关于我们之间的关系，你好像一直在提问题，却并没有和我交谈。”

“但你说，说了不止一次，改变的第一阶段就是要回馈。”

“获得并且理解回馈，对的，但前几次，你只是在收集回馈，只是用问答方式。我是说，我给了你回馈，但你又继续开始下一个问题。”

“而非——”

“而非很多其他的，比如转而思索讨论、消化回馈的含义——它给你的感受，它是否真实，它是否引起你什么想法。”

“好，老实说，听到你说我有魅力，让我很惊讶。你对我的举止并不像那样。”

“我的确认为你有魅力，但在此地，在这间办公室里，我更有兴趣的是和你有更深一层的交流：和你的本质，和你的——我知道听来老掉牙，和你的灵魂。”

177

"或许我不该坚持，"梅娜觉得自己泄了气，"但外表对我很重要，而我依然很好奇你对我的观感。究竟我有哪些地方吸引你？还有刚才我问过，若我们在社交场合而非医患场合中见面，会有什么样的后果？"

我真是自作孽，厄尼斯特想道。"此时此地"论点的梦魇成真，他被逼进死角。他原本就怕有一天自己会落入这样的情况，一般的治疗师在面对这样的问题时，当然不会回答，而会反问病人，探索她的意图：你为什么问这个问题？为什么现在问？你心里的幻想是什么？你希望我如何回应？

但厄尼斯特不会这样做。他的治疗方针就是要确立医患关系，自然不能走回头路，再以传统方式作答。现在他别无选择，只能秉持真诚，纵身跳入真理之池。

"在外表上，你各方面都吸引我——漂亮的脸庞、有光泽的头发、婀娜的身材——"

"你所谓的身材，指的是胸部？"梅娜插嘴道，同时微微拱起背来。

"呃，是的，一切——你的姿态、仪容、苗条——一切。"

"有时候我觉得你好像盯着我的胸部或者我上衣的扣子。"梅娜突然怜悯他，"很多男人都这样。"

"若我这样，也是无心。"厄尼斯特说。狼狈不堪的他六神无主，一心只想回到安全地带，而未做他原本应做的，鼓励她深入探讨对自己外观的想法，包括对自己的胸部。"如我先前所说的，我的确认为你很有魅力。"

"这是否表示你可能会追我？——我是说假设。"

"我没有单身汉的权利，我已经有很要好的女朋友了，但若回到单身的身份，我想你绝对可以符合我对异性外表的每一个要求。只是我们刚才讨论的某些事项会让我却步。"

"比如？"

"比如此时此地正在发生的，梅娜。仔细听我的话。你在收集、囤积。你从我这里收集、累积资料，但却没有任何回馈！我想你想以不同的方式和我建立关系，但我却不觉得这是一种关系。我并不觉得你把我当成一个人那般和我建立关系，你只是把我当成数据库，从我这里取数据而已。"

"你是说我没有和人建立关系，是因为我无病呻吟？"

"不，我没有这样说。梅娜，我们今天的时间已经到了，非结束不可，但你重听这一次的录音带时，我希望你仔细聆听我一分钟前所说你和我的关系这一段。我想这是我对你所说过的最重要的一段话了。"

这次治疗结束后，梅娜迫不及待地把录音带放入录音机，按照厄尼斯特的指示聆听。由"我想你绝对可以符合我对异性外表的每一个要求。"开始，她一字不漏地听：

……只是我们刚才讨论的某些事项会让我却步。……仔细听我的话。你在收集、囤积。你从我这里收集、累积资料，但却没有任何回馈！……我并不觉得你把我当成一个人那般和我建立关系——你只是把我当成数据库，从我这里取数据而已。……我希望你仔细聆听我一分钟前所说你和我的关系这一段。我想这是我对你所说过最重要的一段话了。

梅娜换回厄尼斯特为反移情讨论会所录的带子再听，有些句子有了意思：

她根本不愿和我建立关系，也不愿承认她不愿——坚持说这些都不相干。……我已经解释多少次，为什么审视我们的关系很重要？……她故意消解我们之间任何一丁点的亲密。我做的一切对她都不够好。……毫无柔情，她太自我中心，棱角分明——

或许赖许医师是对的，她想道。我真的没为他着想过，他的人生，他的经验。但我可以改变这点，今天就可以，就在现在我回家的路上。

但她无法专心，于是她用几年前学来的沉思冥想法止住纷乱的心神。她把一部分的心留在公路上，再想象用一支扫把扫去其他杂念，然后专注在呼吸上，一心只想着吸进来的凉空气和由肺部呼出去的暖空气。

好，她的心静一点了，她让赖许医师重新回到心里，先是微笑关注，再是皱眉回身。过去几周来，自从她偷听到他的录音之后，她对他的观感有极大的起伏，不过有一点她必须说个公道话：他一直坚持不屈。几周来他被我用他自己的话逼入窘境，汗流浃背，然而却咬牙坚持，不肯投降，而且他也并没有耍花招：没有躲避问题，也没有拐弯抹角，或是像我一样撒谎欺骗，哦，或许有一点小谎，如他否认自己说过"无病呻吟"这样的字眼，但或许这是为了避免让我难过。

梅娜及时由神游中醒来，换交流道转上308公路，再回到原先的念头。赖许医师现在在做什么？口述录音？用笔记我们的治疗过程？把它们存进桌子的抽屉中？或者他只是坐在桌前想着我的问题？那张桌子，爸爸的桌子。爸爸现在在想着我吗？或许他还在世上某处，也许他正在看着我。不，爸爸已经化为一抔黄土了，只剩下骨骸，一堆尘土，而他对我的想法，也化为尘土。不，还不及尘土，只不过是一堆电磁波，老早就已经消失得无影无踪了。我知道爸爸一定爱过我——他早就告诉别人——艾琳姨妈、玛丽亚婶婶、乔叔叔，只是他没办法当着我的面说出口。要是我能听到他的话就好了。

梅娜在路旁景点停下车来，由此俯瞰山谷，由圣荷西到旧金山一览无遗，她由挡风玻璃朝上看，多么美的天空啊！浩瀚无垠的天空。该用什么词来描绘呢？一望无际、壮丽辽阔、雾翻云涌。不，该说透明无瑕。好极了，我爱这样的词。透明无瑕的云朵，或者可以描述为层峦叠嶂，就像轻风拂过水波掀起圈圈涟漪？很美，我喜欢这样说。

她拿了笔，在一张干洗收据背后记下这些词语。她发动车子，准备开车，却又熄火拾笔再记了一些词句。

假如爸爸曾说过这些话呢？"梅娜，我爱你——梅娜，我为你感到骄傲——爱你——爱你，梅娜，你是最好的女儿。"那又怎么样？依然化为尘土。言语腐化得远比思想还快。

如果他从不曾说过这些话又怎么样？有没有人向他说过这样的话呢？他的父母？从没有。我听他提过祖父母——成天喝得醉醺醺的祖父死得无声无息，祖母却又两度再嫁给醉鬼。而我呢？我可曾向他说过这些话？我可曾向任何人说过这些话？

梅娜颤抖着摆脱她的想法。这些念头多么不像她。这些词语、搜寻美丽词语的过程，还有对父亲的回忆，多么奇怪：这些年来她很少去想他，原本她不是想专心在赖许医师身上吗？

她又试了一次。有一会儿她想象赖许医师坐在他那张书桌前，但另一个身影由过去飘浮而出。在深夜里，她早该睡了，但却蹑手蹑脚地走过走廊，溜到父母亲房门前，看到光线由门下透出来，柔和亲密的话语声，他们柔声提到她的名字"梅娜"，他们一定是盖着又厚又软的羽毛被，絮絮谈心，谈她。她趴在门前，脸贴着冰凉的红地毯，努力想从门底缝隙看进去，想听清父母在谈她什么。

而现在，她想道，边扫视她的随身听，我已经掌握了秘密，我拥有这些话语，在治疗结束后的话语——它们怎么说的？她把带子放进录音机，倒了一下带，接着听到：

……梅娜。仔细听我的话。你在收集、囤积。你从我这里收集、累积资料，但却没有任何回馈！我想你想以不同的方式和我建立关系，但我却不觉得这是一种关系。我并不觉得你把我当成一个人那般和我建立关系——你只是把我当成数据库，从我这里取数据而已。

从"数据库"里取数据，她不禁颔首。或许他是对的。

她发动引擎，回到101号公路往南驰去。

下一次的诊疗一开始，梅娜默默地坐着，厄尼斯特一如往常不能忍耐这样的沉默，开始敦促她："这几分钟你在想什么？"

"我在想你会如何开始这一次诊疗。"

"你希望我怎么开始？如果有一个精灵可以实现你的愿望，

你会希望我怎么做？该说什么样的话，或提什么样的问题？"

"你可以说：'哈罗，梅娜，真高兴见到你。'"

"哈罗，梅娜，今天真高兴见到你。"厄尼斯特立即复诵她的话，私底下却对梅娜的回应感到很惊奇。从前他也曾试图用这样的方式开始治疗，但她总是没反应，因此他根本没指望这次的问题也会有回应。她能如此大胆发言，真是奇迹！他很高兴见到她，这是更大的奇迹。

"谢谢，你真好，虽然还没有达到完美。"

"哦？"

"你多说了几个字，"梅娜说，"今天。"

"你的意思是……"

"记得吗，赖许医师，你常和我说，如果你知道答案，问题就不是问题了。"

"没错，不过请容忍我，梅娜，治疗师有时候是有说话的特权的。"

"我认为你说今天，意味着你以前看到我并不高兴。"

难道这是不久以前，我还觉得在人际关系方面很迟钝的梅娜吗？厄尼斯特不由得心想。

"说下去，"他微笑道，"为什么我不该高兴看到你？"

她犹豫了一下，今天所谈的方向和她原先打算的不同。

"试试看，试试回答这个问题，梅娜。为什么你觉得我不该高兴看到你。随便自由联想，什么都可以说。"

一阵沉默。她觉得许多词语排山倒海而来，她想挑选，压抑，但太多词语直灌进她心田。

"为什么你不该高兴看到我？"她突然爆发，"为什么？我知道为什么。因为我不够纤细、鄙俗，没有品味，"——我不想这样做，她心想，但已经控制不了，她必须爆发，清除他们之间的空间："因为我乏味、无知、狭隘，从没有诗情画意的话语！"够了，够了！她告诉自己，想要闭上嘴巴，但言语却源源不绝脱口而出，她无力抗拒，把它们一股脑倾倒出来："我不够温柔，男人都退避三舍，太有棱有角，太不知感恩，而且老是谈账单，因此破坏我们的关系，还有——"她停了一会儿，最后还是脱口而出："我的胸部太大了。"她筋疲力竭地倒在椅子上，一切都说完了。

厄尼斯特目瞪口呆，现在该轮到他默坐不语了。这些话——他自己的话，是哪里来的？他看着梅娜，梅娜倾身双手抱着头。该怎么回应？他只觉一片晕眩，差点就凭本能说："你的胸部不大。"幸好忍住了。此时此地不宜开玩笑。他知道自己必须严肃、认真地看待梅娜的话语。于是他拾起暴风雨中的救生衣，这是治疗师随时拿在手上的万灵丹：过程评语，亦即评论治疗的过程或关系的含义，而非内容本身。

"你的话有很多波动的情绪，梅娜。"他平静地说，"似乎你已经想说这些话很久了。"

"大概吧，"梅娜深呼吸了几下，"这些话好像自己有生命似的，它们自己要跑出来。"

"对我很不满，或许对我们俩。"

"我们俩？对你和我自己？也许没错，但已经逐渐好多了，或许这才是我今天能说出这些的原因。"

"你比以前信任我，让我觉得很高兴。"

"今天我本来想谈别的事的。"

"比如?"厄尼斯特迫不及待地问,一心想改变话题。

正当梅娜停下来思索的时候,厄尼斯特想着她不可思议的直觉。她竟然这么了解他的想法,真不可思议!她怎么知道的?只有一个可能:下意识的潜移默化,就如华纳医师所说的。所以华纳医师一直都是对的,他想道:我怎么不多向他学一点,我真是蠢驴。华纳医师怎么说的?说我是爱打倒传统教条的小子?或许我该改变作风,不要再像年轻时候那样老是向前辈质疑挑衅,并不是他们说的一切都是无稽之谈。我绝不再怀疑下意识地将心比心有其道理,或许就是这种经验使得弗洛伊德开始研究精神感应也未可知。

"你在想什么,梅娜?"他问道。

"有太多话想说,不知道从哪里开始。这是我昨晚做的梦。"她拿出一本笔记,"看,我把它写了下来,这可是第一次——"

"你真的比较认真地做功课了。"

"150美元要花得有价值。哦!"她急忙以手掩口,"对不起,我不是故意说的,请按键消除。"

"按键消除了。你抓到自己失言,非常好。或许因为我恭维你,令你觉得心慌意乱。"

梅娜点点头,接着急急打开笔记本,念出她的梦:

我去做鼻子整形手术,打开绷带,鼻子还不错,但皮肤却皱缩,使我的嘴巴大开,占了脸的一半。我的扁桃腺赫然在眼前,又红又肿,发炎了。接着头上有光圈的医师出现了,我突然可以闭上嘴。他问我问题，但我不肯回答，我不想张嘴让他看到那个大洞。

"光圈？"厄尼斯特趁她停下来的时候插口问道。

"一轮光环。"

"哦，我明白了。光轮。梅娜，你对这个梦有什么想法？"

"我想我知道你会怎么说。"

"只要想你的想法。试试自由联想。在你想过这个梦之后，心里最先浮现什么？"

"我脸上的大洞。"

"这个洞使你想到什么？"

"洞窟、深渊、深海、一片漆黑。还要往下说吗？"

"说下去。"

"庞大、广阔、诡异、炼狱。"

"炼狱？这词很有意思——再回到这个梦，有些东西你不想让医师看到，我猜我就是那个医师？"

"没错。你难道不想看那个大洞，那片混沌？"

"若你张开嘴，我就看得见了。因此你提高防卫，保护自己的言语。你依然记得这个梦，梅娜？梦依然栩栩如生？"

她点点头。

"说下去——现在你注意到哪些地方？"

"扁桃腺，那里有好多能量。"

"看着那里，你看到了什么？想到什么？"

"很热，酷热。"

"说下去。"

"爆裂、肿胀、灼热、扩张——"

"你怎么会用这些词，梅娜？"

"我查了同义辞典。"

"我还想听你说下去，不过我们先看这个梦。扁桃腺，只要你张口就看得见，就像这片空白一样，已经准备要爆裂了。你还看到什么？"

"脓汁、丑陋、臭乎乎、不忍卒睹、恶心恐怖、让人退避三舍——"

"你又查了同义辞典？"

梅娜点点头。

"因此，梦里你去看医师——我，我们一同探索你不想让别人看见，或者不想让我看见的东西——是无垠的空虚，你的扁桃腺已经快要爆发，吐出毒汁来。不知道为什么，火红的扁桃腺让我想到你刚刚脱口而出的那些话。"

她又点点头。

"你把这个梦告诉我，我很感动。"厄尼斯特说，"这是信任我和我们所努力的表示。非常好。现在让我们来谈谈同义辞典的事？"

梅娜描述了她幼时写诗全都付之一炬的往事，以及她现在再度写诗的欲望。"今晨我写下昨夜的梦时，心想你一定会问我这个洞和扁桃腺的事，因此我查了同义辞典。"

"你似乎希望我注意。"

"希望你感兴趣。我不希望自己再乏味无趣。"

"这是你说的，可不是我说的，我从没这样说过。"

"不过我依然相信你是这样看我的。"

"我们稍后再谈这点，先探讨梦境里其他的部分——医师头上的光圈。"

"光轮——的确令人好奇。我猜我把你归在好人那一类。"

"所以你对我比较有好感，甚至想要更亲近我。但问题是若我们太接近，我就可能发现你身上一些丢脸的事：比如内在的空虚，或是其他——暴躁易怒、自我厌弃。"他看着手表，"抱歉，时间过得真快，我们得结束了。再说一次，你做得很好，和你在一起很好。"

治疗继续进行，一个小时接一个小时的疗程，一周又一周，厄尼斯特和梅娜达到新一层的信任，梅娜从没有如此敞开心扉，而厄尼斯特则很乐于见到她的转变，他之所以成为心理治疗师，就是为了有这样的体验。在研讨会上讨论梅娜病例 14 周之后，他再度坐在桌前，手拿着麦克风，准备另一次的讨论。

这是赖许医生为反移情研讨会录音笔记。过去 14 周来，病人和治疗过程都有了惊人的改变，好像可以把治疗分成两个阶段：在我说出运动衣上"我爱红娘"字眼蠢话之前和之后两个阶段。几分钟前梅娜才离开我的办公室，我很惊讶时间过得这么快，也很遗憾她得离开。真是奇妙。她原本很乏味，现在却活泼开朗而且很吸引人。几周来我都没有听到她无病呻吟，我们甚至常常开玩笑，她才思敏捷，有时我很难跟上她。她既开朗、又善于观照自我，常有很有趣的梦，甚至字字珠玑。现在她再也不用独白了，我们互动良好，非常和谐。如今我期待看到她，一如我期待见到其他的病人，甚至有过之而无不及。现在的问题是：那句侮辱的话怎么会造成这样的转变？如何解释过去14周来的变化？华纳医师认定我的那句话是大错，会破坏医患关系，其实他大错特错。我冲口而出的冒犯之词后来却成了治疗过程的关键！但另一方面他也是对的，关于病人能知觉且回应治疗师移情的那个论点。她察觉了我上次报告时所描述的每一种情绪，而且准确无比，什么都没错过。我上次向大家报告的每一句话，后来都必须向她坦承。或许精神感应真有其道理。为什么她的情况好转了？除了那句无心之言唤醒了她，还有别的原因吗？这个病例证明了残酷的事实还是有用的，只是治疗师得支持病人，保持坦诚。它需要医患之间良好的关系，让治疗师和病人一起度过来临的风暴，而在当今医患经常发生纠纷的环境下，这也需要勇气。上一次我向大家报告梅娜的病例时，有人——我想是芭芭拉，认为我无心脱口而出的那句话是"惊吓治疗"，我同意。它的确彻底改变了梅娜，而在那段时期之后，我也越来越喜欢她，我欣赏她坚持要我直接给她回馈的毅力，她很有勇气。她大概也感觉到我对她的欣赏，如果我们在真心在乎的人身上看到自己美好的形象，就会更爱自己。

　　就在厄尼斯特做录音笔记之际，梅娜在回家的路上也沉思过去几次治疗的经过。"做得很好"，赖许医师给她这样的评语，的确如此。她已经冒了很大的风险，打开心扉，和赖许医师探讨她人际关系的每一层面，当然，只除了一点，就是她从未向他承认听过他的录音笔记。

　　为什么不说？起先只是为了享受用他自己的话折磨他的乐

趣，老实说，她很喜欢用她的小秘密来打击他。有时候——尤其他一副自以为是的模样，自以为学问高深非人能及的时候，她总以想象告诉他实情时他的表情自娱。

然而一切都变了。过去几周，她和他亲近多了，两人相处也有了很多的乐趣。原先的秘密成了负担，是她一心想摆脱的包袱，她甚至想象自己自白。好几次她进了他的办公室，深吸一口气，打算把秘密告诉他，但却做不到，一方面是因隐瞒了这么久，骤然说出实在难为情，另一方面也是出于真心的关怀。赖许医师一直都很坦诚：他从未否认她当面质疑他的话，几乎从没有过，他诚心参与她的故事。如今又何必折磨这个可怜的人呢？为什么造成他的痛苦呢？那是她的关怀。不过还有另一个原因。她喜欢自己拥有他所不知道的秘密，扮演先知博士的角色。

她对秘密的喜好也找到了另一片天地。夜里她引经据典地写出许多奥秘主题的诗行，发表在网络上，她描绘种种秘密、拥有各层秘密隔层的书桌，公布在"单身诗人聊天室"。

朝上仰望
我看着封起的秘密隔层
蕴含着甘露的奥秘
等我长大
也会拥有自己的密室
塞满成人的秘密

她从没有向父亲吐露的秘密如今也浮现心头。她感觉到他的存在，他瘦长微驼的身影、他的医疗器具、他那藏满秘密的书桌，都入了她的诗行。

> 微驼的身影永远缺席了
>
> 蛛网密布的听诊器，枣红色的皮椅
>
> 暗藏秘密与气味的隔层书桌
>
> 已逝病人的秘密
>
> 在黑暗中喋喋不休
>
> 直到被晨曦的利矛
>
> 划破灰尘
>
> 照亮木桌
>
> 就像曾承载多少舞动脚步
>
> 现在却闲散的如茵碧草
>
> 依然记得当年风华。

梅娜并没有让赖许医师读这些诗行，她在治疗中有太多要谈的，诗似乎无关紧要，而且她的诗或许会引他问出诗中秘密主题的问题，而泄露她听到他口述录音带的秘密。有时候她担心她的隐瞒会造成两人之间的裂痕，但她却有自信能克服这点。

她也不需要赖许医师认可她的诗，因为已经有许多人赞赏不已。"单身诗人聊天室"里挤满了单身男诗人。

生活变得有意思多了，她不再加班了，每天晚上，她都直奔家门打开电子信箱，里面塞满对她诗的赞语，或许她太早论断网络上的关系，或许这样的关系并不像她先前认为的那样没有人性，或许正巧相反，电子的友谊因为不靠肤浅的外表，反而更真实，更可靠。

网络上的追求者不但称赞她的诗，也从不忘附上他们的个人信息和电话号码，令她信心大增。她一读再读诗迷的来函，收集他们的赞美、信息、电话号码等。她隐约记得赖许医师曾说她从数据库取数据的评语，但她就是喜欢收集，她精心设计了追求者的评分表，包括赚钱潜力、股票选择权、企业影响力、诗文水平以及个人特性，如开朗、慷慨大方和表达能力等。有些追求者要求见面约会——喝个咖啡、散散步、吃顿饭什么的。

但她希望收集更多资料后再说，不过，也快了。

第六章　九命怪猫的诅咒

"告诉我，哈斯顿，你为什么想要停止治疗？我们才刚开始而已，我们才做了大概三次治疗？"厄尼斯特·赖许翻着约诊本说："没错，这是我们第四次见面。"

厄尼斯特耐心地等病人响应，一边凝视着病人灰色的草履虫图案领带和双排扣灰背心，一边回想上一次他看到病人穿着如此正式的三件头套装，打着中规中矩的领带是什么时候。

"请不要误会，大夫，"哈斯顿说，"并不是你的问题，而是有太多无法预期的事，使我很难在中午时分来这里——比我原先想得难……害得我很焦虑……这真是矛盾，因为我来看你原本就是为了要减轻焦虑……至于诊疗的费用，那也是一个因素……现在我手头比较紧……我得付孩子的抚养费……每个月 3000 美元的赡养费……老大秋季开学就要上普林斯顿，一年 3000 美元……你知道那种情况。原本我打算连今天也取消的，但我想我最好还是来和你说一声，做最后一次诊疗。"

厄尼斯特脑海中突然冒出母亲常说的一句意第绪语："Geh Gesunter Heit"（保佑你）。其实这话真正的意思是"走开，不要让我看见你。"

没错，厄尼斯特心想，我根本不在乎哈斯顿这个病人，我对他一点兴趣也没有。厄尼斯特仔细打量眼前的病人——只能看到一部分，因为病人从没有抬头迎接他的目光。这是一张忧郁的长脸，肤色漆黑——他来自非洲，远祖是逃亡的奴隶。若他曾有光泽，也是老早以前的事了。如今他一脸黯淡，一身灰色：灰白的头发、修剪得整整齐齐的灰色山羊胡子、铅灰色的眼珠、灰色西装、深色袜子，还有灰色的心灵。哈斯顿的身心没有丝毫活泼的色彩。

"走开，不要让我看见你。"不正是厄尼斯特希望的吗？哈斯顿说："最后一次诊疗"，我可以接受这样的口气，厄尼斯特想道。他现在病人多如过江之鲫，多年不见的老病人梅根也回来找他，她两周前自杀未遂，现在非常需要他花时间看她，每周至少得见他三个小时。

喂，醒醒！他截醒自己，你是治疗师，这人来找你求援，你对他有责任。你不太喜欢他？他引不起你的兴趣？他很乏味？很好，这是很好的资料，用上去！如果你对他有这样的感觉，那么许多人对他也会有这样的感觉。记得他当初来看诊的原因吗？深深的疏离感。

显然哈斯顿觉得压力沉重，很可能是因为文化差异之故。他自九岁起就住在英国，直到最近才来到美国加州担任一家英国银行的总经理，不过厄尼斯特觉得文化差异可能只是部分原因，还有其他原因使得这人格格不入。

好，好，厄尼斯特接受自己的建议，我不会说，甚至不会想"走开，不要让我看见你。"这样的念头，他的心思回到病人身上，谨慎地斟酌用词："我了解你想减少生活里的压力，不希望因为更多时间和金钱上的压力而更添紧张，很有道理，但你的决定却让我困惑。"

"为什么？"

"在一开头见面时，我就已经说明我们需要的时间和费用，因此这并不是新的因素，对不对？"

哈斯顿点头："没有异议，大夫，你百分之百正确。"

"因此我们可以推断，还有超出金钱和时间考虑的因素，是关于你我之间的吗？难道你觉得找黑人治疗师会比较自在？"

"不，大夫，你错了，种族的差别并不是因素。我曾在伊顿中学待了6年，也在伦敦经济学院待了6年，那些学校都很少有黑人，因此我敢保证，看黑人和白人医师并没有什么不同。"

厄尼斯特决定再试一下，以免愧对自己的专业良心。

"哈斯顿，不妨这样说，我明白你的理由，很有道理，假设这些就是你要停止治疗的原因，我可以尊重你的决定，但在我们结束之前，你可以再考虑一个问题吗？"

哈斯顿谨慎地抬起头来，微微地点了一下，示意厄尼斯特继续说。

"我的问题是，还有没有其他的原因？我认得许多病人——每一位治疗师都如此，他们放弃治疗的理由未必如此理性，如果你也是其中之一，是否愿意谈谈这些理由？"

哈斯顿闭上眼，厄尼斯特几乎可以听到他的灰脑子发动马达。哈斯顿会说吗？概率一半一半，厄尼斯特想道。他看到哈斯顿张嘴欲言又止。

"不一定要长篇大论的大道理，只要一点点些微的理由？"

"或许，"哈斯顿啜嚅道，"我根本和你的治疗或加州风情格格不入。"

病人和治疗师坐着互相凝视：厄尼斯特看着哈斯顿修饰得整整齐齐的指甲和双排扣灰背心；哈斯顿则似乎望着治疗师不修边幅的胡子和白色的高领毛衣。厄尼斯特决定猜猜看。

"加州太闲散了？你比较喜欢伦敦那样中规中矩？"

没错！哈斯顿拼命点头。

"在这间房里呢？"

"也是一样。"

"比如说？"

"我无意冒犯，大夫，但我看医师的时候比较习惯专业的态度。"

"专业的态度？"厄尼斯特觉得精神一振，终于问出症结了。

"我比较喜欢找能够仔细诊断并且开方治疗的医师。"

"而你在这里的经验呢？"

"我无意冒犯，赖许医师。"

"我不会在意，哈斯顿，你在这里的唯一任务就是要自由说出心里的想法。"

"一切都太——该怎么说呢？——太不正式了，太——太轻松了，比如你要我们只称呼名字。"

"你认为这种轻松的态度否定了我们的专业关系？"

"正是如此，让我觉得不自在，好像我们四处摸索，仿佛会一起撞上答案似的。"

厄尼斯特想，不妨问个明白，反正哈斯顿很可能不会再来，不如给他一些他将来治疗时可以用上的数据。

"我明白你喜欢更正襟危坐的角色，"他说，"我也很感谢你愿意表达你对我治疗的感受。让我也说一说我治疗你的想法。"

哈斯顿全神贯注，很少有病人听到治疗师要对他们有所回应时会无动于衷的。

"我最主要的感觉是沮丧，我想是因为你有点吝啬的缘故。"

"吝啬？"

"吝啬。你不肯给我多少东西。我每次问你问题，你的回答都像电报那样简洁。也就是说，你尽量给我最少的词语、最少的细节、最少的个人想法，因此我才试图在我们之间建立更亲近的关系。我的诊疗必须建立在病人和我分享他们内心的情感之上，而就我的经验，正襟危坐只会降低效果，因此这是我放轻松的唯一理由，也因此我经常要你体会你对我的感觉。"

"你说的一切都很有道理，我相信你的专业，但我克制不了，这种加州文化让我受不了，我就是这个样子。"

"再问一个问题。你对你自己满意吗？"

"满意？"哈斯顿一副莫名其妙的模样。

"你说你就是这个样子，我相信你的意思是你选择要成为这个样子，因此我要问的是，你对这样的选择满意吗？保持这样的距离，维持这样的矜持？"

"我不知道它是不是选择，大夫，"他说，"我就是这个样子，这是我的天性。"

厄尼斯特有两个选择，他可以试着说服哈斯顿他的距离是他的选择，或是最后一次就特殊的事件探讨哈斯顿矜持的原因。他决定选择后者。

"好，让我再回到最开头，到你进入急诊室那个晚上。让我说明我当晚听到的情况。大约清晨四点，急诊室的值班医师打电话给我，表示有个病人因梦魇而处于极度的惊恐状态。我要他开镇静药物给你，并且安排两个小时后，也就是六点时进行诊疗。但我们见面时，你既记不得梦魇，也记不得任何前一晚所发生的事。也就是说，我完全没有任何信息可以继续诊疗。"

"就是这样，当晚的一切如今都是一团模糊。"

"因此，我试着旁敲侧击，但我也得同意你的说法——我们几乎没什么进展。但在我们共处的三个小时中，我对你、对其他人、对我，甚至可能对你自己的冷漠、矜持印象深刻，我相信这样的矜持，和在我探索时你的不安，是你放弃治疗的主因。"

"再让我告诉你我的另一个观察结果：你对自己完全不好奇，这令我很惊讶。我觉得自己必须提供这样的好奇心，结果是我独自承担原本该我们共同努力的全部负担。"

"我不是故意隐瞒你，赖许大夫。我为什么故意这样做？只是我生来就是这样。"哈斯顿再度一板一眼地重复。

"我们试最后一次，哈斯顿。我要你回想梦魇那天白天所发生的事，让我们一样一样仔细探讨。"

"我告诉过你，当天一如往常，我在银行，晚上做了可怕的梦，梦到什么我已经忘了——接着开车到急诊室——"

"不，不，这段我们已经说过了。让我们再试另一个方法。把你的记事本拿出来，我们看看，"厄尼斯特查了月历，"我们第一次诊疗是在五月九日，拿出记事本，看看前一天的约会，由五月八日上午开始。"

哈斯顿拿出记事本，翻到五月八日，一瞥道："密尔谷，我去密尔谷做什么？哦，对了，我姐姐。我记起来了，那天我没去银行，我去密尔谷查看。"

"'查看'是什么意思？"

"我姐姐住在迈阿密，如今要派驻旧金山湾区，她考虑要在密尔谷买房子，我自告奋勇帮她勘查，像上班的交通啦、停车啦、购物啦、最好的住宅区啦等。"

"好，这是不错的开始，现在告诉我你当天其他的行程。"

"一切都朦朦胧胧，几乎令人毛骨悚然。我什么也想不起来。"

"你住在旧金山，你记不记得开车经过金门大桥朝密尔谷去？那是什么时候？"

"很早，我想，大概在早高峰前，可能是七点。"

"后来怎样了？你在家吃过早餐吗？还是在密尔谷？想想看，让你的心思飘浮到那天早上，闭上眼看看有没有用。"

哈斯顿闭上眼睛，沉默了三四分钟之后，厄尼斯特正在疑惑他是不是睡着了，柔声问道："哈斯顿？哈斯顿？别动，保持原来的姿势，但把你想的说出来。你心里看到了什么？"

"大夫——"哈斯顿慢慢地张开眼睛，"我有没有告诉你阿提米丝的事?"

"希腊女神阿提米丝?没有,没有提过。"

"大夫,"哈斯顿边眨眼边摇头,好像要理出头绪来似的,"我有点害怕,我刚经历了最奇特的经验,好像心里突然出现了一条缝隙,让那天发生的不可思议的离奇事件全都涌现。我不想让你觉得好像我刻意不告诉你这一切似的。"

"你放心,哈斯顿,我和你在一起,你刚开始谈到阿提米丝。"

"我刚理出头绪——我最好从那倒霉一天的起头开始——我最后到急诊室的那一天……"

厄尼斯特最爱听故事,他充满期待,靠上椅背准备聆听。他有股强烈的感觉,这个让他困惑了三个小时的人即将揭开奥秘。

"呃,大夫,你知道我已经单身大概三年了,对男女关系犹如惊弓之鸟。我告诉过你我深受前妻伤害,不只是情感上,还有财务上?"

厄尼斯特点点头,他看了一下钟,该死,只剩 15 分钟了,他得催催哈斯顿才能听完故事。"而这个阿提米丝?"

"哦,是的,言归正传,谢谢。很有趣,不过你问我当天早餐的问题却让我想到什么,现在很清楚了。当天早上我在密尔谷市中心的店里吃早餐,找了一张可容四人坐的桌子,后来店里人多起来,一名女子问是否可以和我并桌,我抬眼看她,我得承认我真喜欢那幅景象。"

"怎么说?"

"美若天仙,漂亮极了。完美的五官、迷人的微笑。大约和我年纪相仿,40 岁左右,但身材柔软一如少女。"

厄尼斯特凝视着哈斯顿，他如今活泼灵动，判若两人。

"说下去。"

"就像鲍狄·瑞克在《十全十美》电影里的身材，盈盈一握的纤腰，让人怦然心动的胸脯。我的许多英国朋友都爱身材平板的美人，我却独爱丰胸美人。——而且也不打算改变这点。"

厄尼斯特微笑着鼓励他。他可不打算改变哈斯顿——他自己也迷恋丰胸美人。

"后来？"

"我开始和她谈话，她的名字很奇怪，阿提米丝，而且她看起来不一样……该怎么说呢……很新潮。我银行里没有一个客户是这个样子的。想想看，她在早餐面包圈上涂梨片，接着拿出小佐料包，洒上海盐和南瓜子。她的打扮就像来自伦敦时尚圈——印花上衣，紫色印花长裙、皮带、许多金链和珠子。"

"然而，她却很善解人意，教育程度也很好，我们很快就建立起友谊，谈了好几个小时，直到服务生来收桌子准备午餐，我对她非常着迷，于是邀她共进午餐，虽然我早已安排了商业午餐。不必说你也知道，这实在不像我，其实这一切都不像我，真奇怪，让人不寒而栗。"

"你是指什么，哈斯顿？"

"我觉得说这些很奇怪，因为我把这间办公室看作理性的堡垒，但阿提米丝周遭却有非常奇怪的事发生，好像我受了蛊惑似的。让我说下去。她告诉我她已经有约，不能和我共进午餐，我于是问她：'晚餐呢？'——而且再度没有预先检视我的记事簿。'好，'她说，而且邀我上她家晚餐。她说她独居，而且打算用她前一天刚由山上树林里采来的新鲜蘑菇煮蘑菇炖肉。"

"你去了吗?"

"我去了吗?当然去了。这真是我毕生最美好的一晚,至少直到某一关键时刻之前。"他停下来,就像方才刚回忆起来时那般摇头,接着继续说:"和她在一起真是太美好了,一切都如此自然,美妙的晚餐——她的手艺真是一流,我也带了一些顶级的加州葡萄酒,吃完甜酒蛋糕后,她拿出大麻,我犹豫了一会儿,最后决定入境随俗,尝了生平第一口大麻烟。"哈斯顿脸上泛现出困惑的表情,并住了口。

"然后呢?"厄尼斯特催促道。

"然后在我们洗好盘子之后,我身体一阵暖热。"又一次困惑的神情,又一次住了口。

"然后?"

"最奇妙的一刻发生了——她问我想不想和她上床,就这样问,实事求是,非常自然、非常优雅、非常——非常——我不知道该怎么说——成人。完全没有我最讨厌的那种猜猜看游戏。"

老天爷!厄尼斯特想道。这是怎样的女子!这是多么奇妙的一夜!这真是幸运的家伙!他再一次瞄着时钟,催促哈斯顿继续说。"你说这是你一生中最美好的夜晚——至少直到某一关键时刻之前?"

"是的,那一次的性经验实在令人神魂颠倒,欲仙欲死,是我从来没有想象过的美好。"

"怎么特别法?"

"现在还有点模糊,但我记得她像小猫一样舔我,每一寸皮肤，由头到脚趾，直到我的每一个毛孔都舒张开来，恳求更多，愉悦而兴奋，一心期待她的触摸、她的舌头，汲饮她的香气和温暖。"他住了口，"我说这有点难为情。"

"哈斯顿，你做的正是你该在这里做的事，继续说。"

"我越来越欣喜欢愉，简直超脱了这个世界，我的——器官越来越热烈，直到最后达到前所未有的高潮，接着我想我昏了过去。"

厄尼斯特很惊讶。这是原来那个束手缚脚而乏味无趣的人吗？

"接着发生了什么事，哈斯顿？"

"那就是转折点，一切都由这里起了变化。接下来我知道我在别的地方，现在我觉得那必定是一场梦，但当时却如此真实，我简直可以触摸、感觉、嗅闻到梦里的一切。现在已经记不太清楚，但我记得自己被一只恐怖的大猫猛追，在林间逃窜——那是一只家猫，但有山猫的大小，浑身黑色，火红的眼睛放出凶光，尾巴又大又粗，力道十足，又大又尖的牙齿，和尖如刀片的利爪，它正在死命追我！远远地我见到一个裸女站在水潭里，看来很像阿提米丝，因此我跃入水潭，涉水而去，向她求救，等到走近我才发现那根本不是阿提米丝，而是一个机器人，胸部还喷出乳汁。等到走得更近，我发现那也不是乳汁，而是放射性的液体。接着我万分惊恐地发现自己正站在那腐蚀液体之中，水深及大腿，已经开始蚀去我的双脚了。我拼命向陆地逃，但陆地上却有那只嘶嘶响的大猫在等着我，而且越来越大，现在已经是狮子般大小。因此，我由床上一跃而起，拔腿狂奔逃命。我边跑下楼梯边穿上衣服，发动汽车时连鞋也来不及穿。我无法呼吸，因此打电话给我的医生，他叫我赶紧到急诊室，因此我被转诊给你。"

"阿提米丝呢？"

"阿提米丝？不知道。我绝不敢再接近她，她是毒药。甚至现在谈到她，我都余悸犹存。我想这就是为什么我会把这一切深埋在心底。"哈斯顿很快地量了一下自己的脉搏："看，我的心跳那么快——15 秒 28 下，一分钟大约 112 下。"

"你这样突然跑掉，她会作何感想？"

"我不知道，也不在乎，她一直在睡。"

"因此她睡在你旁边，醒来时你却已经走了，她一点都不知道为什么。"

"而且以后也不知道！我告诉你，大夫——那个梦来自另一个世界，另一个现实——来自地狱。"

"哈斯顿，我们得结束了，时间已经超过了，不过显然还有很多可以讨论。最明显的就是你对女人的感觉——你和一个女人亲热，接着碰到象征危险与惩罚的猫，于是不加任何解释弃她于不顾。还有原本该滋养你的胸部却分泌出毒汁。告诉我，你怎能停止治疗？"

"大夫，就连我也看得出来还有许多东西待探索。下周同一时间？"

"是的，而且——今天你做得很好，我很高兴，哈斯顿，很荣幸你信任我，记得这可怕而奇特的经历，而且把它告诉我。"

两个小时后，在往克雷门特街他常去午餐的越南馆子"茉莉"的路上，厄尼斯特回想他和哈斯顿今天的讨论。整体而言，他对自己处理哈斯顿想结束治疗的做法还算满意，虽然他的病人已经人满为患，但他可不愿意病人就这样跑掉。哈斯顿正努力想要突破自我，而厄尼斯特知道他关怀但却不过度积极的做法赢得了病人的信任。

厄尼斯特想道，如今他经验越来越丰富，也越来越少有病人会在时机未成熟之际结束治疗。他年轻的时候总会为病人中断治疗而感到苦恼，认为这是个人的挫败，是自己能力不足所致，是公开的侮辱，如今他很感谢前任主管马歇尔，他告诉他这种反应反而会影响他治疗的效果，因为当治疗师太在意病人的决定，太需要病人继续治疗之时，往往就会不知不觉用言语诱惑病人，顺应病人的需要，只求病人继续诊疗。

厄尼斯特也很满意自己支持并且赞许哈斯顿，而未对哈斯顿的奇遇表示怀疑。他还不知道该如何评价自己方才听到的故事。他当然明白压抑的回忆常会突然醒转，但他自己在临床上几乎没有碰到过。

只是厄尼斯特对哈斯顿的志得意满很快就消失了，他一心想着的是阿提米丝，他越想越觉得哈斯顿对她的行为太残酷。什么样的怪物才会在和女人共享鱼水之欢后，毫无任何解释，既不留纸条，也不打电话给她，就这么弃她而去呢？这真是不可思议。

厄尼斯特很清楚阿提米丝会有什么样的感受。15年前，有一次他和旧情人梅娜在纽约一家旅馆幽会，两人共度了美好的一夜，至少厄尼斯特是这样想的。到早上，他和人有约所以出去了一下，带了一大束花回来，然而已经人去楼空，梅娜消失得无影无踪，收拾好行李不见了。他打电话、写信给她，都没有任何回音，也没有解释。他整个人垮了。虽然经过心理治疗，但他的创伤永远不可能平复，甚至现在，多年之后，一想起这事依然令他心痛，厄尼斯特最恨的是自己什么也不知道。可怜的阿提米丝，她给了哈斯顿这么多，敞开自己的心扉，结果却遭到这样的待遇。

接下来几天，厄尼斯特偶尔会想到哈斯顿，但他更关心的是阿提米丝。在他的幻想中，她变成了女神——美丽、抚慰、关怀，但却受到严重伤害。阿提米丝该受到尊重、珍爱：在他看来，贬抑这样的女性简直是没有人性。她什么也不知道就遭到遗弃，必定非常痛苦！她必然苦苦思索，只想明白她究竟说了什么，做了什么，赶跑了哈斯顿。而厄尼斯特认为自己占有职务之便，能够帮助她，他想道：除了哈斯顿之外，我是唯一知道当晚详情的人。

厄尼斯特常有英雄救美的绮想，他也知道自己有这个毛病。怎么可能不知道？他的分析师史密斯和主管史崔德常常提醒他这一点，不论是在他私人的人际关系，或是在心理治疗执业的时候，总是会忽略警讯，而对女性过度关切。

在他思索如何拯救阿提米丝之时，史密斯和史崔德的声音都在他耳边回响，厄尼斯特虽然听他们的评语，但只到某一个程度。他私心觉得自己的热忱会使他成为更好的治疗师、更好的人。女人当然应该被拯救，这是生物演化颠扑不破的真理，是为求物种生存而植入基因里的设计。很久以前，他在解剖课上发现他所解剖的猫怀了五只如弹珠大小的仔猫时，有多么的惊骇震撼！同样，他也厌恶鱼子酱，因为唯有屠杀掠夺母鱼，才可能得到鱼子酱。

因此，厄尼斯特自然想要说服哈斯顿弥补他曾做的伤害，"想想看她会有什么样的感觉，"他在接下来的诊疗中一再地向病人强调这点，然而哈斯顿总是不耐烦地回答："医师，病人是我而不是她。"厄尼斯特也会用复原十二步骤中的第八步或第九步劝哈斯顿："列出我们曾伤害的人，一有机会就弥补。"可是不论他怎么技巧地游说哈斯顿，他总是冥顽不灵，甚至有一次还指责厄尼斯特愚蠢："你是不是对这一夜情太滥情？她的生活模式就是这样，我不是她第一个勾引的男人，大概也不是最后一个，我可以向你保证，大夫，这名女子可以照顾她自己。"

厄尼斯特疑惑哈斯顿是不是故意唱反调，或许他感觉到治疗师太关心阿提米丝，因此故意不理睬厄尼斯特的劝告，借此报复。不论如何，厄尼斯特渐渐了解哈斯顿永远不会向阿提米丝弥补他的伤害，厄尼斯特只能自行挑起弥补的担子。此事攸关道德勇气，因此厄尼斯特并没有把它视为重担，反而把它当成使命。奇怪的是，经常自我分析到巨细靡遗地步的厄尼斯特，却从没有质疑过自己在这件事上的动机，只是他意识到自己的任务似乎并不合世俗观念——他个人去弥补病人的过失，其他治疗师会怎么想？

虽然厄尼斯特明白这件事不该张扬，而该技巧从事，但他最开头的步骤却非常笨拙，心思昭然若揭："哈斯顿，再说最后一次，让我们由你和阿提米丝的会面和你们之间的关系开始。"

"不会又来了吧？我说过，我在店里——"

"不是这样，把细节说得更生动更清楚一点，描述一下那家店。时间？地点？"

"是在密尔谷，约上午八时左右，在加州独有的新型店铺——结合书店和小餐馆的小店。"

"店名叫什么？"厄尼斯特敦促哈斯顿继续说，"描述你们会面的所有细节。"

"大夫，我不明白，你为什么问这些问题？"

"哈斯顿，听我的话。尽量生动地描绘细节可以帮助你回想你曾体验的所有情感。"

哈斯顿抗议说他对回想这些情感毫无兴趣，但厄尼斯特提醒他，将心比心的感觉是他改进自己与异性关系的第一步，因此回想他和阿提米丝的经历将是非常有价值的一课。厄尼斯特心知这个理论听来有点薄弱，但应该可以说服他。

哈斯顿乖乖地重述当天所有的细节，厄尼斯特仔细聆听，却只听出一点新的资料。这家店叫"书站"，阿提米丝热爱文学——厄尼斯特觉得这或许是很有用的信息。她告诉哈斯顿说她正在重读伟大德国小说家的作品——托马斯·曼、克莱斯特、伯尔，而且那天她刚买了穆齐尔的小说《没有个性的人》的新译本。

由于哈斯顿起了疑心，因此厄尼斯特放松了他对阿提米丝的追索，免得哪一天病人会问："你要不要她的地址和电话号码？"

其实他正想要这些信息，这可以帮他节省多少时间。不过现在他手头的资料也够他开始调查的。

几天后一个晴朗的清晨，厄尼斯特驱车前往密尔谷，他停好车，走进"书站"，环视原是火车站的长窄书店，接着再观察书店所附的小餐厅，还有那十来张迎着朝阳的户外桌椅。他没看到任何长得像阿提米丝的女人，于是走向柜台，点了犹太圈饼。

柜台小姐问道："圈饼要夹什么？"

厄尼斯特看了看菜单，没有梨。哈斯顿是不是骗人的？他最后决定点双份的黄瓜和芽菜，搭配香菜虾夷葱奶酪。

等他落座之后，恰巧看见她走进来。印花上衣，紫蓝色的长裙——他最喜爱的颜色——珠子、链子和其他各种饰品：这一定是阿提米丝。她比他想象的还美。哈斯顿没有提到甚至可能根本没有注意到她那有光泽的金发，挽成中东式的髻，用玳瑁发夹夹得一丝不乱。厄尼斯特简直融化了，他青春期性冲动的第一个对象就留着这种发型。她点餐付账时，他仔细打量她。多么美的女人——每一方面都可爱极了，水蓝清澈的眼睛，厚唇、颊上有玲珑的酒窝，她穿着平底拖鞋，高约162厘米，身材窈窕，比例匀称。

接下来是厄尼斯特觉得最棘手的部分：如何开口和女人搭讪？他拿出前一天刚买的托马斯·曼的小说《神圣的罪人》，把它摊在桌上，书名明显可见。或许可以拿这个当话题，如果她坐在他附近的话。厄尼斯特紧张地环顾半空的小店，还有很多张桌子都空着。她经过时，他向她点头，阿提米丝也边向他点头，边朝空桌子走去，说来奇怪——几秒钟之后，她又退了回来。

"哦！《神圣的罪人》，"她不可置信地喊道，"多么巧啊！"

上钩了！上钩了！但厄尼斯特还不知该如何收线。"我——呃——对不起你说什么？"他太惊讶了——钓技这么差的渔夫竟然也可以钓上鱼来！这些年来他用书为饵不知多少次，从没有任何一丁点效果。

"那本书，"她解释说，"我多年前看过《神圣的罪人》，但我从没见过任何人读那本书。"

"哦，我爱这本书，每隔几年就重读一回。我也喜欢托马斯·曼短篇的作品，现在正打算重新读他所有的作品，这是第一本。"

"我刚刚重读了《改头换面》，"阿提米丝说，"你接下来要读哪一本？"

"我是按我喜欢的顺序来读。下一本是《约瑟夫及其兄弟们》四部曲，再接下来可能读《大骗子菲利克斯·克鲁尔的自白》，不过，"他半起身，"你请坐。"

"最后呢？"阿提米丝问道，边把面包和咖啡放在桌上，边在他对面坐下。

"《魔山》，"厄尼斯特中规中矩地答道，既没有流露出大鱼上钩的惊诧，也没有显露自己不知如何收线的困窘："塞特姆布里尼冗长的对话让我觉得很无聊，而我想最后一本是《浮士德博士》，这本音乐学巨著太技术了，而且恐怕会乏味。"

"我完全同意。"阿提米丝伸手从肩袋里拿出一个熟得发黑的梨和几包种子。

"哦，对不起，我还没自我介绍，只顾说话忘了。我是厄尼斯特·赖许。"

"我是阿提米丝。"她边说边把梨去了皮，一半涂在面包上，再洒上各种种子。

"阿提米丝，好美的名字。外头渐渐暖和起来了，何不到外面的桌子加入你的孪生兄弟呢？"厄尼斯特的确用心地做过家庭作业。

"我的孪生兄弟？"阿提米丝边移座边凝思："我的孪生兄弟？哦，你是说太阳神阿波罗！阿波罗兄弟的灿烂阳光。你真是个特别的男人——我一生下来就一直用这个名字，你却是这样和我说的第一人。"

　　"你知道，"厄尼斯特继续说，"我得承认我可能会先暂时放下托马斯·曼，因为我要读威金斯新译穆齐尔的《没有个性的人》。"

　　"真巧，"阿提米丝的双眼睁得大大的，"我正在读那本书。"她再度伸手从袋子里拿出一本书，"好看极了。"

　　接下来阿提米丝的眼睛眨也不眨地盯着厄尼斯特的唇，害得他每隔几分钟就不由自主地摸摸胡须，以免留下食物渣滓。

　　"我住在秣林郡，但有时这里很难找到人认真地谈谈。"她边说边请他吃一片梨。"上一次我谈到这本书时，对方连听都没听过穆齐尔。"

　　"并不是每个人都读得懂穆齐尔。"可惜，厄尼斯特想道，像阿提米丝这样的灵魂竟然得忍受如哈斯顿之流的人为伴。

　　接下来三小时他们愉快地聊了起来，由伯尔、格拉斯到冯·克莱斯特。厄尼斯特看了一下表，已经中午了！多么特别的女人，他想道。虽然他已经把上午的行程排空，但从下午一时开始，他还有连续五节治疗，时间快来不及了，他终于言归正传。

　　"我得走了，"他说，"非常不情愿，但病人在等我。和你聊天真愉快，几乎让我忘了自己的问题。真是及时雨。"

　　"怎么说？"

　　"最近很倒霉。"厄尼斯特叹息道，希望他前一晚练习了几次的话不会穿帮："大约两周前，我去看老早以前的女友。我们有好几年没见面了，在一起共度了快乐的 24 小时，至少我觉得如此。可是到早上我醒来时，她已经走了，消失了，踪影全无，此后我一直觉得很痛苦，非常不舒服！"

　　"那真糟糕。"阿提米丝的反应远比厄尼斯特期待的还要强烈。

"她对你很重要？你希望和她重修旧好？"

"呃，不是，"厄尼斯特想到哈斯顿，和她对哈斯顿的感觉，"不是这样，她呃，该怎么说？——不只是玩伴，是个性伴侣，因此她离开我并不很悲伤，痛苦是因为我什么都不知道。是因为我做了什么让她跑掉？或是我伤害了她？是因为我说的话？还是我不够体贴？是因为我有什么缺陷？你知道我的意思，这让我有很多不愉快的念头。"

"我明白，"她同情地摇头。"我也有类似的经验——而且就在不久之前。"

"真的吗？我们竟然有这么多共同点，真令人惊讶。是不是该试试互相治疗一下？找个时间再聊聊，今晚晚餐如何？"

"好，不过不要在餐厅。我想煮饭，昨天我采了一些很漂亮的鸡油蕈，今晚我要煮匈牙利式炖蘑菇，一起来尝尝？"

治疗的时间从没有这么缓慢过。厄尼斯特整副心神里都是阿提米丝，他被她迷住了。他一次又一次地提醒自己：专心！注意！拿钱做事！把这个女子放在脑后。但阿提米丝却不肯走开，她待在他的脑海里。

厄尼斯特注意到自己想的是阿提米丝的魅力，而非如何减轻她的痛苦。厄尼斯特，注意你的顺序，他斥责自己：你在做什么？你整个的计划都很可疑——就算没有性冒险。你已经越了界，由哈斯顿嘴里套出阿提米丝的资料，把自己化身成微服出访的治疗师，出门为漂亮的陌生女人诊疗。他提醒自己：你的作为既虚浮，又不合道德，更不专业。注意，注意，注意！

"庭上，"他想象主管的声音由证人席上传来，"赖许医师是

212

个重伦理的好医师，只是偶尔不用大脑。"

不，不，不！厄尼斯特抗议。我没有做什么不道德的事，我的用心光明正大，出于慈悲。我的病人哈斯顿行为不检，在另一个人身上造成创伤，他竟然不肯弥补，真是不可想象。我，而且只有我，能够迅速确实地补救这样的伤害。

阿提米丝的房子就像童话里汉斯和葛莉特的小屋一样，屋外围着密密一丛杜松，更适合放在德国的黑森林，而非北加州。她拿着一杯刚榨好的石榴汁，向他道歉说家里没有含酒精的饮料——"这里没有迷幻药，"她说，又加了一句，"除了大麻烟。"

他在沙发上坐定，这是一张仿路易十六的沙发，配上雅致的灰白色椅脚。厄尼斯特再回到遗弃的题目上，不过虽然他使尽浑身解数，却发现自己似乎高估了阿提米丝的难过。

是的，她承认，她也有如厄尼斯特一样的经验，的确很难过，但实际的情况却并不如她嘴上说的那么严重：她坦白说，她只是出于礼貌，为了让厄尼斯特能说出他的痛苦，才提自己最近被男人遗弃的事。她并不觉得悲伤，因为她的那一段情并没有什么特别的意义，而且她觉得问题在他而不在她。厄尼斯特惊讶地看着她：这名女子远比他所预期的更有主张。他的治疗师身份逐渐隐没，开始放松心情，享受这一个晚上。

哈斯顿绘声绘色的描述早已经让厄尼斯特准备迎接下一步，他很快就发现哈斯顿恐怕根本没有领略当晚的妙趣。和阿提米丝聊天有趣极了，蘑菇炖肉简直是小小的奇迹，其余的则是更伟大的奇迹。

厄尼斯特疑惑哈斯顿的经验是因药物引起的，因此拒绝饭后的大麻烟，但就算没有大麻，依然有奇特，甚至超现实的事情发生了。晚餐之中，厄尼斯特开始觉得由头到脚一股暖意流过，来自过去的甜美感觉在他心头荡漾，母亲周日上午烘焙面饼的香味、尿床之后几秒的暖意、他的初吻、他初次在浴室中自慰，想象脱光哈莉姨的景象，达到高潮的快感、吃冰激凌热蛋糕的快乐、在游乐园玩云霄飞车失重的刺激、和爸爸下棋时将军的得意。他如此陶醉满足，一时间几乎忘记自己置身何方。

"你想上楼到房里去吗？"阿提米丝柔和的声音打断了他的绮想。他到哪里去了？会不会是蘑菇里有什么问题？我想到房里去吗？不论到哪里，我都要跟她去。我从没像渴望她那样渴望过任何一个女人。或许不是大麻也不是蘑菇，而是某种特别的激素传递的信息？是不是我背后的嗅觉器官，跟上了她的麝香气味？

上床之后，阿提米丝开始舔他，他的每一寸肌肤都兴奋、发烫，直到整个身体如火般灼热。她的舌头每一波抚触都让他情绪更高亢，直到最后爆发——不是少不更事小手枪似的发射，而是威力十足榴弹炮的怒吼。在短暂的清醒中，他突然注意到阿提米丝在他身边瞌睡。他太沉醉在自己的欢愉里，完全忘却了她的存在，未能注意到她的快乐。他伸手摸她的脸，觉得她的双颊因流泪而湿漉漉的，接着他深深坠入梦乡。

洋洋不知过了多久，一阵抓挠声惊醒了他，起先他在一片漆黑中什么也看不见，但他知道有什么不对劲。渐渐地，黑色褪去，幽幽的绿光照亮了房间。厄尼斯特的心怦怦跳，他溜下床来，穿上长裤，跑到窗边看究竟是什么在抓挠。但他只看到自己的脸，自己的眼睛回望着自己。

　　他回身想唤醒阿提米丝，但她已经消失了。抓挠声越来越响，接着是一声恍若来自另一个世界的"哟呜"，仿佛一千只猫一起发情似地叫喊。房间开始震动，先是轻轻地，接着越来越强烈。抓挠的声音越来越大，越来越厉害，他听到小石头敲地的声音，接着是大一点的石头，接着仿佛是小型山崩似的声音。声响来自卧室墙后，厄尼斯特小心翼翼地靠近，却看到墙上出现裂痕，灰泥剥落下来，在地毯上堆成小堆。很快地，墙只剩下骨架，再过了一会儿，房屋骨架的木板条也露了出来。砰然一声巨响，一只长了利爪的巨掌伸进来。

　　厄尼斯特已经受够了，太过分了！他抓住衬衫，朝楼梯跑去，但楼梯不见了，墙不见了，房子也不见了。他眼前只剩星光映照的黑色大地，他拔脚奔跑，很快地发现自己置身高大的松柏林间。他听到如雷般的巨吼，回头一看，只见火红眼睛的猫怪，像狮子一样，只是黑白花色，比狮子还大，有熊那般大小，像剑齿虎那般大小。他跑得更快了，简直是飞奔，但这只野兽的肉垫敲在林间松叶地上，声音却越来越近，越来越急。他抬眼望见一汪湖水，立刻朝那里跑去。厄尼斯特想道，猫怕水，因此涉足入水，他听到雾茫茫的湖中心有流水声，接着看到她：阿提米丝静静地站在湖的中央，一手像自由女神像一般高高举起，另一只手则拱起遮住一只巨大的乳房，她瞄准他射出一股强力的水流或乳汁。不，他走近却发现那不是乳汁，而是发出荧光的绿色液体，而那女人也不是阿提米丝，而是一具金属机器人。湖里装的不是水，而是酸液，已经腐蚀了他的双脚和双腿，他张开嘴使尽吃奶的力气想叫喊："妈妈！妈妈！救我，妈妈！"但语不成声。

接下来厄尼斯特只知道自己坐在车里，衣服穿了一半，死命地踩油门，冲出阿提米丝黑森林中的家。他想要集中注意力，但恐惧控制了他。他曾告诉病人和学生多少次，危机不只代表危险，也意味着机会？他曾谆谆教诲多少次，焦虑这条小径可以引我们走入深省和智慧？在所有的梦境中，又以梦魇最有指针价值？然而等厄尼斯特回到家里，直冲进门，却不是奔往书桌记下他的梦，而是赶到药柜拿出两片超强抗焦虑剂。然而这个晚上，药物没有生效，他辗转反侧，第二天一早，他取消了整天的工作安排，只把比较紧急的病人治疗时间改到第三天的晚间。

那天早上他一直拨电话和知心好朋友谈他的经历，24小时后，他胸膛里压抑紧迫的感觉终于开始舒缓。光是倾诉就让他觉得安慰多了，虽然朋友都不太能了解究竟发生了什么事，就连自实习起就和他无话不谈的好友保罗也不明白，他安慰厄尼斯特说，这个梦魇其实是种启示，提醒厄尼斯特对专业的范围必须更慎重。

厄尼斯特很激动地为自己辩护："记住，保罗，阿提米丝并不是我病人的朋友，而且我并没有刻意利用病人提供这名女子的信息。由始至终，我的用意都是高尚的，我找她的目的并不是为了肉体，而是希望弥补我病人所造成的伤害。我并不是为了和她幽会才去寻访她的，只是后来它不可避免地发生了而已。"

"检察官可不会这样想，厄尼斯特。"保罗很严肃地说道，"他们会把你碎尸万段。"

厄尼斯特的前主管史崔德也向他提出忠告说："纵使你一点错也没有，也得注意绝不要犯瓜田李下之嫌。"

厄尼斯特后悔自己拨电话给史崔德，他不但听不进史崔德的劝告，而且还觉得让后辈为了避嫌而得举止小心实属不智。

厄尼斯特根本把朋友的劝诫当成耳边风，他们全都胆小怕事，只怕惹上医疗纠纷。厄尼斯特觉得只要心里坦荡荡，就没什么好怕的。

经过一整天的休养，厄尼斯特又开始执业，四天后，他再度见到哈斯顿，后者表示他决心中止治疗。厄尼斯特知道哈斯顿一定有所感受，不过他对自己医技不精的歉疚感瞬间即逝，因为在向哈斯顿说再会之后，他突然灵光一现：过去72小时，由他和保罗及史崔德的通话开始，他已经完全忘记阿提米丝的存在！和她共进的早餐，以及其后的一切！他连一次也没想到她！老天，他想道，我的作为岂不是和哈斯顿一模一样，没有任何解释，甚至连电话也不打，就这么遗弃她。

当天和第二天，厄尼斯特又碰到奇异的景象：一次又一次地，他试着想阿提米丝，但却无法集中心神，不到一会儿，他的心思就会漫游到无关紧要的事物上。第二天晚上，他决定打电话给她，他费了好一番力气，才拨通她的号码。

"厄尼斯特！真的是你吗？"

"当然是我。我打这个电话太晚了，晚了好几天，不过是我没错。"厄尼斯特停了下来，他原本以为她会生气，但她的口气却轻松愉快。"你似乎很惊讶。"他加了一句。

"非常惊讶。真没想到会再听到你的声音。"

"我得见你。这一切似乎很不真实，不过你的声音又唤醒了我。我们有很多事得做：我有许多抱歉和解释的话要说，而你则有很多原谅的工作得做。"

"当然我会见你，但有个条件。不要解释或原谅——不需要。"

"明晚共进晚餐？八点？"

"好，我来煮菜。"

"不，"厄尼斯特还记得他对炖菜的疑虑，"该轮到我了，让我来准备晚餐。"

他带了一大堆由中国餐厅"南京"外卖的菜肴抵达阿提米丝家。他天生就喜欢美食，因此把一盒盒的食物摆满了一桌子，一一向阿提米丝解释菜名。然而她说她吃素，对很多美食都毫不动心，包括美味的生菜鸡丁和香菇牛肉。厄尼斯特暗暗吁了口气，幸好还有饭、清蒸豆苗和素饺子。

"有些话我想一五一十，毫不保留地告诉你。"他们边坐在桌前，他边说："朋友都说我有自白强迫症，所以你得有心理准备。我要说——"

"记得我的条件，"阿提米丝拉住厄尼斯特的手臂，"不要道歉，也不必解释。"

"我不知道自己能不能遵守你的条件，阿提米丝。上一次我曾告诉你，我非常在意自己作为治疗师的角色。那就是我的本性，就是我的生活，我不可能改换自己的角色。因此，我对自己对你造成的伤害非常惭愧，我的举止太残酷了。我竟能在如此欢愉如此美妙的性爱之后，不留一个字地遗弃你而离开，简直是不可原谅。我的行为实在不像人，必然深深伤害了你。你一定会一再地质疑我是什么样的男人，竟然如此对待你。"

"我已经告诉过你，我不太在乎这些。自然，我很失望，但我却可以体会，厄尼斯特，"她很认真地接着说，"我知道那天晚上你为什么会离开我。”

“你知道，真的吗？”厄尼斯特觉得她天真得可爱，向她开玩笑说，“我不相信你对那晚所知真如你所想象的那么多。”

“我很确定，”她强调，“我所知远比你以为我所知的还多。”

“阿提米丝，你根本无法想象当晚发生在我身上的是什么事。你怎么可能知道？我离开你，是因为我做了个梦——非常恐怖又私密的梦境。你怎么可能知道？”

“我什么都知道，厄尼斯特，我知道那只猫、毒水和矗立在湖中央的雕像。”

“你简直令我毛骨悚然！阿提米丝！”厄尼斯特惊呼，“那是我的梦，梦是私密的领域，每个人最私密最神圣的庇护所。你怎么可能会知道我的梦？”

阿提米丝默默地坐着，头垂得低低的。

“还有许多其他的问题，阿提米丝，我当晚深沉的感觉——那奇幻的光，那不可抗拒的欲望。并不是说你的魅力有多少减损，但那欲望却强烈得不自然。会不会是吃了药？或许菜里有问题？”

阿提米丝的头垂得更低了。

“还有我们在床上的时候，我摸到你的脸颊，你为什么哭？我觉得非常美好，而且我以为是相互的。你为什么流泪？为什么觉得痛苦？”

“我不是为自己哭泣，厄尼斯特，而是为你。而且也不是因为我们之间的一切——我也觉得很美好。然而我哭，是为了即将发生在你身上的一切。”

“即将发生？我是不是疯了？越来越糟了，阿提米丝，告诉我真相。"

"我想你不会相信真相的，厄尼斯特。"

"试试看，相信我。"

阿提米丝站起身来，走开了一下，拿来精致的牛皮纸袋，从里头抽出一束发黄的纸。"真相？真相就在这里。"她边说边把纸摊开："在我外婆很久以前写给我妈麦格达的信里，日期是1931年6月13日。要不要我念给你听？"他点头，于是在香气四溢的食盒旁，凭着三支蜡烛的烛光，厄尼斯特聆听阿提米丝外婆的故事，在他梦境背后的故事。

给我亲爱的女儿麦格达，在她17岁生日，希望这个讯息既不太早，亦不太迟。

如今是你明白身世之谜的时候了。我们来自何处？为什么你经常颠沛流离？谁是你父亲？他在哪里？为什么我把你送走，不让你留在我身边？我现在写的家史是你必须要了解，并且传承给女儿的故事。

我在布达佩斯郊区的乌遮普斯特长大。我父亲也就是你外公詹诺斯在汽车装配厂当师傅。17岁时，我搬到布达佩斯，有几个原因。一方面，年轻女孩比较容易在布达佩斯找到工作，不过最主要的原因，我实在羞于启齿：我父亲像禽兽一般，意欲染指自己的骨肉。在我小时候他就侵犯过我几次，最后在我13岁那年得逞。母亲虽然知情，但却装作不知，不愿保护我。我到了布达佩斯之后，搬进叔叔赖斯洛家，婶婶茉莉丝卡帮我找了工作，让我在她任厨师的家里打杂。第二年婶婶死了，叔叔像父亲一样起了坏心，要我取代婶婶的位置伴他共眠，我无法忍受，因此自行迁出去住。男人都像野兽一般，不论是仆人、送信的小弟、屠夫，只要我经过，就色眯眯地盯着我瞧，嘴里不干不净地说些淫言秽语，甚至连男主人也想轻薄我。

　　我搬到布达佩斯市中心的乌特街23号，接下来十年我都是一人独居，虽然男人垂涎我，但我却缩小自己的世界，借此保护自己。我一直未婚，只和爱猫西卡过快乐的生活。但后来可怕的柯瓦克斯先生和他的猫梅尔盖许搬到楼上。"梅尔盖许"在匈牙利语中意即"暴怒"，名如其猫。这是一只黑白相间的邪恶大猫，仿佛来自地狱似的，把我可怜的西卡吓坏了。好多次西卡遍体鳞伤地回家，一只眼因感染而失明，一只耳朵也被撕断。柯瓦克斯也令我害怕。我晚上堵住门，拉上百叶窗，因为他总在门外游荡，探头探脑。我们每一次在走道上碰面，他总故意贴过身来，因此我尽量避免和他一同经过走道。但我孑然一身，没人帮我，更不可能向任何人抱怨——柯瓦克斯自己就是警察。低俗而贪婪的男人。让我告诉你他是什么样的男人。有一次我低声下气地请他每天把梅尔盖许关在家里一个小时，让西卡能够安全出门，他却嗤之以鼻："梅尔盖许又没有犯错，我的猫和我一样都垂涎甜蜜的匈牙利小猫咪。"可以，梅尔盖许可以留在家里——要有代价！代价就是我！事情很糟，但每一次西卡发情就更糟了。不但柯瓦克斯会窥伺我，敲我的门，就连梅尔盖许也会发疯似的整晚号叫抓挠我的墙壁，撞我的窗。

　　仿佛这还不够倒霉似的，布达佩斯当时发生鼠患，巨大的多瑙河鼠四处肆虐，啃食地窖里的马铃薯和胡萝卜，掠夺后院的鸡群。一天房东帮我装了一具捕鼠笼，当晚我就听到鼠辈的悲鸣，我手拿蜡烛走下楼梯，觉得十分恐惧。该拿抓到的老鼠怎么办？接着我在摇曳的烛光下，看到由笼中探出头来的，是我毕生所见最大最恐怖的老鼠，做梦也很难想象。我飞快地跑上楼梯，决定等房东醒来再求救，但一个小时之后，天已经亮了，我冒险跑回去再看一眼。原来那不是老鼠，比老鼠更糟，是梅尔盖许！它一看到我就嘶嘶作声想要越过铁丝抓我。老天，这是什么怪兽。我知道该怎么办了，我开心地拿了整罐的水浇在它身上，它张牙舞爪，我欢天喜地地撩起裙子，在笼边转了三个圈。

接着怎么办呢？我该怎么处理梅尔盖许？它现在咆哮作响，我不自觉地下了决定，这是我毕生首次有了立场。为我自己！为世界上每一个角落的女人！我要反击。我拿旧毛毯包住笼子，把它举起，走出家门——街上还是空无一人，还没有人起床，我向火车站走去，买了一张一小时车程到艾斯特戈的车票，接着又觉得这不够远，乘到两百公里以外的斯盖德去。下车后我走过几个街区，接着拿下笼上的旧毯子，打算放走梅尔盖许。

我看着它，它虎视眈眈，目光如剃刀一般锋利，我不禁颤抖。它那野蛮的神情充满了残酷的仇恨，不知为什么，我立刻就了解西卡和我永远摆脱不了它。动物有回家的本领，甚至可以越过大洲，不论我把梅尔盖许带到多远去，它都一定能找路回家，它会由天涯海角追踪我们。于是我拿起笼子，又走了一段路，直到多瑙河畔，我走到桥中央，等到左右无人之时，把笼子投入水中。它先漂浮了一会儿，接着就往下沉，越沉越深，梅尔盖许一直盯着我咆哮。最后它沉入多瑙河里，我等到水上已经没有泡泡，等到它沉入河底，直到我永远摆脱这只地狱猫的纠缠时，才搭火车回家。

在回家的路上，我想到柯瓦克斯和他可能采取的报复手段，不由得不寒而栗。我回到家时，他的窗帘还是拉上的，他前晚一定值夜班，因此趁着早上补觉，不知道梅尔盖许离家，也永远不会知道我的对抗行为。这是我生命中头一次体验到自由的滋味。

然而自由的时光并不长。当晚，在我入睡一两个小时之后，突然听到梅尔盖许在屋外号叫。这当然是个梦，但梦境如此真实，如此生动，简直比我醒着还真实。我听到梅尔盖许抓刨我墙上的洞，看到它的爪子伸进崩裂的墙里，接着它再抓刨，灰泥四散。最后梅尔盖许跃进我房内，它原本就是只大猫，如今体型更是原来的两三倍。它浑身湿淋淋的，多瑙河的脏水由身上滴落，它开口向我说话。

这个畜牲的话迄今依然在我心里回响："我老了，你这卑鄙的母狗"，它嘶嘶咆哮，"我已经活了八条命，现在还剩一条命，现在我发誓，我这剩下的一命要用来复仇，我会活在梦境里：永远向你和你的女儿孙辈作祟。你让我永远和西卡分离——魅惑人的西卡，我生命中最大的欲望！现在我也要让你永远和任何对你有兴趣的男人分离，我会在他们与你在一起时作祟。"它咬牙切齿地说："让恐惧惊吓他们，让他们永远不敢回头，让他们忘记你的存在。"

起先我觉得可笑。笨猫！猫是没什么头脑的动物。梅尔盖许不了解我，它的复仇计划——让我不能和同一个男人同处两次，根本不是复仇，而是祝福，因为我甚至连和同一个男人同处一次都不想。绝不能再触摸或看见同一个男人——这真是天堂。

但不久我就发现梅尔盖许可不笨——恰巧相反，它能读出我的心思，我可以肯定这点。它蹲坐着，抚着自己的须，接着用很奇怪的人声说话，仿佛是法官还是先知似的："你对男人的想法会永远改变。现在你会了解欲望，你会像猫一样，每个月发情，渴望男人，但却永远不得满足。你会取悦男人，但永远不得回报，每一个你所取悦的男人都会离开你，永远不会回头，甚至记不得你。你会生个女儿，而她和她的孩子和她孩子的孩子，也都会了解我和柯瓦克斯的感受。这将持续到永远。"

"永远？"我问道，"这么长的处罚？"

"永远。"它答道，"还有什么比永远隔绝我和我生命之爱更重大的冒犯？"

我突然泄了气，开始颤抖，为着你——我还没出世的孩子恳求它。"梅尔盖许，你惩罚我好了，事情是我做的，我活该过没有爱的生活，但我为孩子恳求你。"我低伏在它面前，磕下头去。

"你的孩子只有一线生机，不过你没有。"

"哪一线生机？"我问道。

"弥补过错。"梅尔盖许用比我手掌还大的舌头舔着巨大的脚掌，清理它那可怕的脸。

"弥补过错？怎么弥补？他们该怎么做？"我朝它恳求。但梅尔盖许发出嘶嘶咆哮，挥舞利爪。我退后几步，它却消失了。我只看到那些可怕的爪子。

麦格达，这就是九命怪猫的诅咒，我们的诅咒，它毁了我。我成了花痴，追着男人跑，我失业了，没有人要雇用我，房东也把我赶了出来，我只能出卖肉体维生。感谢梅尔盖许，没有男人会来找我第二次，和我春风一度的男人绝不会再接近我，他们记不得我，只留下一些模糊的恐惧。不久布达佩斯的人都轻视我，没有医师相信我的话，甚至知名的精神医师法兰齐也帮不上忙，认为是我的想象，虽然我发誓句句实言，但他要我拿出证据，证人，甚至任何迹象也好。我怎么可能给他证据？我爱过的每一个男人都记不得我，也记不得那个梦。我告诉法兰齐说，若他和我共度一晚，就可亲身验证。我去找他就是因为传说他用亲吻来治疗病人，不过他不肯接受我的邀请。最后我在绝望之下移民纽约，虽知不可能，还是希望梅尔盖许不会横越大洋。

其他的你已经知道了。一年之后我怀了你，不过却不知道你的父亲是谁。现在你知道原因了，也知道我为什么不能把你留在身边，而要送你去远地的学校。如今你了解这一切，麦格达，你必须决定自己毕业之后何去何从。当然，你随时可以来纽约找我。不论你做什么样的决定，我每个月依然会寄钱给你。其他的我帮不上忙，我自身难保。

你的母亲克拉拉

阿提米丝小心翼翼地把信叠好，放回牛皮纸袋，接着仰望厄尼斯特说："现在你知道我的外婆，和我。"

厄尼斯特虽然听得入迷，但也抗拒不了眼前中国菜香味的引诱。在她读信的时候，他一直偷瞄逐渐冷却的食盒，望着它们冒出的蒸气。虽然他饿得前心贴后背，却一直维持良好的风度，抗拒食物。现在他觉得够了，他把豆苗拿给阿提米丝，再把自己的筷子伸向牛肉。

"你的母亲呢？阿提米丝？"厄尼斯特边大嚼香脆多汁的香菇边满足地问。

"她原本入了修道院，但几年后却因夜里游荡的习惯被赶了出来。她把我送去上学，在我 15 岁时自杀身亡。外婆把这封信交给我；她在我母亲死后 20 年才去世。"

"梅尔盖许说解除诅咒的方法是弥补过错——你明白那是什么意思吗？"

"外婆和我母亲多年来一直都在困惑，但却一直解不开这个谜。外婆曾向另一位医师求教，是纽约非常出名的精神科布利尔医师，但他认为她脱离现实，罹患精神病，建议她到疗养院彻底休养一两年。其实若考虑我外婆的经济状况和梅尔盖许诅咒的内容，就知道脱离现实的其实是布利尔医师。"

阿提米丝开始收拾碗，厄尼斯特拉住了她："等一会儿再收。"

"厄尼斯特，"阿提米丝说，她的声音紧张干涩，"吃完了晚餐，或许你想上楼来。"她停下一会儿，又说："你现在知道我不能克制自己这样问你。"

"对不起，"厄尼斯特说，边起身边朝门外走去。

"再见了，"阿提米丝从他身后喊道，"我知道，我完全明白，你不必给我任何借口，也请不要觉得歉疚。"

"你知道什么？阿提米丝？"厄尼斯特从前门回头问道，"我要去哪里？"

"你要尽快逃走，这能怪你吗？我知道你为什么要走。我也了解。"

"你看，阿提米丝，就像我先前告诉你的，你知道的并不如你以为的那么多。我只是要离开30米，到车上拿袋子而已。"

他回来的时候，她已经在楼上沐浴。他收了餐桌，把残羹剩饭打包，接着拿起袋子上楼。

接下来一个小时在卧室里所发生的证明了一件事：问题不在那天晚上吃的蘑菇炖肉。一切都和上次一样，温暖热情的欲望、遍体酥麻的舔舐、充满官能的舌头，接着是爆发的潮水。有一会儿厄尼斯特心中电光火石全是美丽的回忆：他毕生所经历的性高潮排山倒海地涌向他来，接着是大胸脯的情人成排在他眼前走过，可爱的抚慰对象，他深深埋入其间，抛开生活中的烦忧。感谢！感谢！接着他又坠入深沉的漆黑甜梦。

厄尼斯特被梅尔盖许的咆哮惊醒。他再度感到房间的震动，再度听到墙上的抓刨。恐惧之心开始冒出头来，但他很快地起床，猛力地摇头，深吸了一口气——镇定地大开窗户，朝外倾身喊道："这里，这里，梅尔盖许，省省你的爪子不要再抓了，窗户是开着的。"

突然一阵寂静，接着梅尔盖许一跃而入，把薄薄的麻布窗帘抓成碎片。它边发出嘶嘶声，边抬起头，红色的眼睛灼灼发光，舞着锐利的爪子，绕着厄尼斯特而行。

"我在等你，梅尔盖许。坐下来好吗？"厄尼斯特在茶几旁的美国杉木椅上坐下，茶几后是一片黑暗，床、阿提米丝和整个房间都消失了。

梅尔盖许不再咆哮，它抬头看厄尼斯特，唾液由獠牙中滴出，肌肉紧绷。

厄尼斯特伸手拿他的袋子："要不要吃点什么，梅尔盖许？"他打开由楼下带上来的餐盒。

梅尔盖许小心翼翼地朝第一个餐盒里望："香菇牛肉！我最恨蘑菇，她却故意做蘑菇炖菜！"

它高声像唱歌一般说出这些话，接着重复道："蘑菇炖菜！蘑菇炖菜！"

"这里，这里，"厄尼斯特使出他有时用在治疗中的抚慰音调，"我帮你把牛肉挑出来，哦老天，对不起！我真该点烤鱼或北京烤鸭，或珍珠丸子。酱香排骨或叫花鸡也不错，还是红烩牛肉。或是——"

"算了，算了，"梅尔盖许咆哮道。它一口把所有的牛肉块全都吞了下去。

厄尼斯特继续低低地说："或许我该点海鲜大餐、盐水虾、烤螃蟹——"

"你该点，你该点，但你却没有点，不是吗？就算你点了，又怎么样？那就是你认为的？一点残羹剩饭就能弥补过错？就能打发我？我只不过是好吃的野兽？"

梅尔盖许和厄尼斯特静静地互相凝视了一会儿，接着梅尔盖许向装了生菜鸡丁的盒子打量了一番："那里头是什么？"

"这是生菜鸡丁，很好吃，来，让我把鸡肉帮你挑出来。"

"不必，留着，"梅尔盖许一把抢走餐盒，"我爱吃青菜，我家世代吃巴伐利亚青草，很难找到没被狗尿过的青草。"梅尔盖许狼吞虎咽，把盒子舔得一干二净。"不坏，你没买到烤螃蟹？"

"要买到就好了，但我肉吃太多了，原来阿提米丝吃素。"

"吃素？"

"就是不吃动物制品，连乳类产品也不吃。"

"因此她是个又笨又坏心肠的母狗。而且我要再一次提醒你，如果你以为喂饱我就能弥补过错，那么你也是笨蛋。"

"不，梅尔盖许，我可没那样想。但我完全了解你为什么会这样怀疑我或任何友善待你的其他人。这一辈子都没有人好好照顾你。"

"好几辈子——不只一辈子。我已经过了八辈子，而且每一次都以同样的方式终结——无法形容的残酷谋杀，没有一次例外。看看最后那一次！阿提米丝谋杀了我！把我丢进笼子，毫不在乎地丢进河里，看着我慢慢下沉，直到多瑙河的脏水淹没了我的鼻孔。我那一生最后看到的，就是在我呼出最后一个气泡时，她得意的冷笑。你知道我犯了什么罪吗？"

厄尼斯特摇摇头。

"我的罪就是我是猫。"

"梅尔盖许，你不是一般的猫，你是非常聪明的猫，我想要坦白和你谈谈。"

正舔着空食盒的梅尔盖许发出同意的低鸣。

"我得谈两件事。第一，你当然知道淹死你的人不是阿提米丝，是她早已去世的外婆克拉拉。第二——"

"我闻起来她们的味道一样——阿提米丝是克拉拉转生，难道你不知道？"

厄尼斯特一时语塞，他没有想过这样的观念，只能继续说："第二，克拉拉并不讨厌猫，她甚至还爱猫。她不是谋杀犯，只是

229

为了要救她的爱猫西卡的命，才对你下毒手。"

没有回答，厄尼斯特可以听到梅尔盖许的呼吸声。他想道：我是不是太直接，没有表现出将心比心的态度。他温柔地继续说："但这一切或许都不重要了，我们该由你一分钟前说的事实着手——你唯一的罪名就是你是猫。"

"对！我做的一切都是因为我是猫，猫会保护它们的地盘，攻击其他有威胁性的猫，而且猫中豪杰在嗅到母猫发情的甜蜜气味时，绝不会接受任何阻拦。我只是奉行我做猫的义务。"

梅尔盖许的话让厄尼斯特沉思。梅尔盖许难道不是忠实地实践厄尼斯特最爱的尼采名言："发挥本性"？梅尔盖许对不对？它不是在发挥自己做猫的潜能吗？

"以前有位知名的哲学家，"厄尼斯特说，"也就是有智慧的人或思想家——"

"我知道哲学家是什么意思，"这只猫不耐烦地打断了他的话，"前几生，我住在弗赖堡，晚上常去造访海德格尔的家。"

"你知道海德格尔？"厄尼斯特惊讶地问道。

"不是，是海德格尔的猫桑希普，她可是个尤物！火辣辣的，西卡虽然也很火辣，比起桑希普来可差得远了。那是好几辈子以前，但我还记得很清楚，我得和那整队德国流氓大战才得一亲芳泽。桑希普一发情，方圆几里之内所有的公猫，甚至远至马堡也会赶来。唉，那些美好的往日时光！"

"让我说完我的想法，梅尔盖许，"厄尼斯特试图不要分心，"我想到的知名哲学家——他也是德国人，他常说人必须忠于自己的角色，发挥潜能和天生本性，你不就是这么做吗？你原本就在发挥猫的本能，这有什么罪可言？"

厄尼斯特刚开口的时候，梅尔盖许本来张嘴想要抗议，但它后来明白厄尼斯特同意它的观点，又慢慢把嘴闭了起来，开始用舌头梳理自己的毛。

"然而，"厄尼斯特继续说，"这里却有一个矛盾——基本的利益冲突，因为克拉拉做的也正是像你一样的事：发挥她的本性。这个世上她最爱的是她的猫，她是它的饲主也是它的保护者，她只想保护西卡和自己，因此克拉拉的举动也是在发挥她自己的天性。"

"哼，"梅尔盖许轻蔑地说，"你知道克拉拉不肯和我的主人柯瓦克斯交配？他可是个强壮的男人。只因为克拉拉恨男人，她就以为西卡也是如此。其实根本没有什么矛盾，克拉拉的行为并不是为西卡，而是为她以为西卡想要的幻觉。相信我，西卡发情时也很渴望我！克拉拉把我们俩分开，实在是残酷到无以复加！"

"但克拉拉担心她的猫的安危，西卡受了许多伤。"

"伤？伤？只不过是抓伤而已。公猫一定得强迫小姐就范，公猫用利爪击退其他情敌，这就是我们追求的方式，是猫的行为。我们只是执行猫的天职。克拉拉是什么人？你是什么人？胆敢评断侮慢猫的行为？"

厄尼斯特决定放弃这个论点，另起炉灶："梅尔盖许，几分钟前你说阿提米丝和克拉拉是一样的，所以你要继续找克拉拉算账。"

"我的鼻子可不会说谎。"

"在你前几辈子死了以后，会停顿一段时间再进入下一世吗？"

"只不过一瞬而已，接着我又转生至另一辈子。别问我怎么回事，有些事是连猫也不知道的。"

"就算如此，你还是很确定你先在某一世，接着往生，再进入下一世，对不对？"

"对，对，那又怎样！"梅尔盖许咆哮道。它和其他九命猫一样不耐烦。

"但有好几年阿提米丝和她外婆克拉拉两人都活在人世，还经常谈话，她们怎么可能是同一个人转世？这是不可能的。我不是要质疑你的嗅觉，但也许你只是闻到这两位女士基因上的相同点。"

梅尔盖许默默地思索厄尼斯特的论点，一边继续梳理自己，舔着巨大的脚掌，再用潮湿的脚掌刷自己的脸。

"梅尔盖许，我只是在想，你或许不明白我们人类只有一辈子？"

"你怎么知道？"

"这是我们所信仰的，而这岂不很重要吗？"

"或许你有好几条命，只是自己不知道罢了。"

"你说你记得其他几辈子，可是我们却不记得。若我们有新生命而记不得前生，那就意味着这一世——现存的我，眼前的意识，也将消失。"

"重点！重点！"这只猫低吼道，"快说，老天，你怎么一直说个不停。"

"重点是你的复仇非常厉害，毁了克拉拉唯一的一辈子。她的生活很苦，而她唯一犯的错就是取走了你九命中的一命：她唯一的一条命换你九条命中的一条，在我看来，她欠你的债已经还了好几倍了。你的复仇已经完成了，前账已清，原本的过错已经获得补偿了。"厄尼斯特对自己的说服力感到满意，靠回椅背上。

"不，"梅尔盖许气咻咻道，边用强有力的尾巴拍着地板，"不，还没有完成！没有完成！过错还未获得补偿，复仇将继续进行，而且我也对这辈子很满意。"

厄尼斯特并没有退缩。他停了一下，找到另一个角度重新出发。

"你说你喜欢这辈子的情况，何不告诉我你平常的日子怎么过的？"

厄尼斯特安慰的语气似乎让梅尔盖许轻松多了，它不再怒目相向，而是坐正姿势，平静地回应："我的日子？平淡得很，我不太记得。"

"你整天都在做什么？"

"我等着，等待梦的召唤。"

"梦和梦之间呢？"

"我说过了，我等待。"

"就这样？"

"就是等待。"

"那是你的生活，梅尔盖许？你觉得满意吗？"

梅尔盖许点点头："比起其他选择还不算坏。"它边说边优雅地在地上翻过来，开始梳理肚子上的毛。

"选择？你是指不活下去的话？"

"第九命是最后一条命。"

"你希望这一条命继续下去，直到永远。"

"你不是吗？不是每一个人都希望如此吗？"

"梅尔盖许，我很惊讶你出尔反尔。"

"猫是很有逻辑的生物。有时别人不欣赏我们这一点，因为我们可以迅如闪电做决定。"

"你出尔反尔。你说你希望你的第九命能够永远继续过下去，但其实你根本没有在过这一辈子。你只是悬浮在某种状态。"

"没有活在第九命？"

"你自己说：你在等待。我坦白告诉你我的想法：有位知名的心理学者曾说过，有些人恐惧死亡的债务，结果拒绝生命的借贷。"

"这是什么意思？说得明白一点。"梅尔盖许说。它已经不再梳理肚子上的毛，而端坐一旁。

"意思是你因为恐惧死亡，因而不敢进入生命。就像你害怕会用完你的生命似的。记得你几分钟以前才教我所谓猫的本性吗？告诉我，你现在保护的地盘在哪里？现在你迫使就范的母猫在哪里？还有为什么，"厄尼斯特一个字一个字地强调说："你白白浪费宝贵的梅尔盖许精子呢？"

厄尼斯特边说，梅尔盖许的头边向下低垂。接着它有点哀伤地问道："你只有一生？现在已经活了多久了？"

"大约过了一半。"

"你怎么能受得了？"

厄尼斯特突然觉得一阵悲哀，赶忙拿起餐巾拭了拭眼角。

"对不起，"梅尔盖许出乎意料温柔地说，"让你难过了。"

"没关系，我已经准备好了。这样的转折在我们的对话里是避免不了的，"厄尼斯特说，"你问我怎能受得了？首先，不要去想它，而且有时候我甚至忘了它。以我的年龄而言，这并不太难。"

"你的年龄？那是什么意思？"

"我们人的一生可以分为几个阶段。很小的孩子经常会想到死亡；有些小孩甚至成天只有这个念头。发现死亡并不困难，只要环顾四周，就可以看到许多死的事物：枯叶、残花、死苍蝇和甲虫。宠物会死，我们也吃死的动物。有时候我们甚至会参与别人的死亡。不久我们就会了解，人人皆会死——祖母、父母，甚至我们自己。我们私下思索这些，而父母师长觉得孩子们想到死的念头不妥，不是讳莫如深，就是拿天堂、天使、永远的灵魂等神话来搪塞我们。"厄尼斯特住了口，希望梅尔盖许能明白他的话。

"然后呢？"梅尔盖许显然明白他的意思。

"我们妥协。我们把它抛诸脑后，要不就是逞一股蛮勇公开向它挑衅。接着，就在成人之前，我们会深思死的问题，虽然有些人无法忍受死亡的念头而拒绝继续再走人生之路，但大部分的人都会忙着成年人的俗务——建立家庭、事业，个人成长，挣财产，运用权力，赢得比赛。现在我的人生就是这种情况。在这个阶段之后，我们到达生命的后期，死亡的念头再度浮显，随时随地威胁着我们。此时我们可以多想想，尽量运用余生，抑或是用各种方式假装死亡根本不会来到。"

"你自己呢？你是不是假装死亡永远不会来到？"

"不，我不能那么做。因为我的工作是精神治疗师，常常得和受生死所惑的人谈话，因此我得时时面对死亡。"

"我再问你，"——梅尔盖许的声音柔和而疲惫，已经不再咄咄逼人，"你怎么面对它？在死亡阴影笼罩你唯一这一生之际，你又怎能从人生、从任何活动中获得乐趣呢？"

"——我要把问题换个方向，梅尔盖许。或许是死亡使得人生更加有活力、更加珍贵。死的事实让人生显得特别辛辣，让人生的种种活动又苦又甜。的确，活在梦境里或许能让你永生不死，但在我看来你的生命却是一片虚无。我刚才要你描述你的生活，你用简单的两个字回答：'等待'。这是生命吗？等待是生命吗？梅尔盖许，你还有一条命，为什么不把它发挥到淋漓尽致呢？"

"我不能！我不能！"梅尔盖许说，把头垂得更低了，"不再生存下去，不再活着，生命没有我却继续向前，这样的想法实在——实在太可怕了。"

"因此，你的诅咒并不是永恒的复仇，对不？你是用这个诅咒来避免到达你最后一生的终点。"

"就这样结束，这样不存在，实在太可怕了。"

"我在临床上曾发现，"厄尼斯特伸手过来轻拍梅尔盖许的巨爪，"最怕死亡的人正是最不能好好发挥生命的人。用尽生命，让死亡只得到糟粕，只剩下光辉燃尽的躯壳。"

"不，不，"梅尔盖许摇头呻吟，"这太可怕了。"

"为什么这么可怕？让我们分析一下。究竟死亡有什么可怕的？你已经经历过好多次了。你说每一次你的生命结束，在下一生开始之前，有短暂的停顿。"

"是的，没错。"

"你还记得那些短暂的停顿吗？"

"什么也记不得。"

"这不就是重点吗？你之所以恐惧死亡，是担心死会有怎样的滋味，知道自己已经不再生存，但当你死时，却并无知觉意识。死是意识的灭绝。"

"我该因此放心吗？"梅尔盖许低吼道。

"你问我我怎么受得了？这就是我的答案之一。另一名哲人的格言也很发人深省，他说：'死在，我就不在；我在，死就不在。'"

"那和'死了就死了'有什么差别？"

"差别很大。死亡之中就没有'你'，'你'和'死'不可能共存。"

"真是沉重的想法。"梅尔盖许说，它的声音低得几乎听不见，头也几乎碰到地板。

"再告诉你另一个观点，梅尔盖许，是俄罗斯作家——"

"那些俄国人——他们的观点绝不会令人开怀。"

"听着，在我出生以前，已经有很多年，好几个世纪，好几千年过去了。对吗？"

"不可否认。"梅尔盖许疲惫地点点头。

"在我死后也会有几千年过去。对吗？"

梅尔盖许再度点头。

"因此，我把自己的生命想象成一星明灿的火花，在两大团黑暗中间：在我出生之前的黑暗，和在我死亡之后的黑暗。"

这似乎恰中要害。梅尔盖许凝神聆听，两耳直竖。

"你难道没有注意吗？梅尔盖许，我们多么恐惧后面那团黑暗，而对前面那团黑暗毫不在意？"

突然梅尔盖许站起身来张开大嘴，好像要打个大呵欠一般，它的利牙在由窗户流泻室内的月光下微弱地闪耀着："或许我该走了。"它边说边以不像猫的沉重步伐走向窗户。

"等一下，梅尔盖许，还没说完呢！"

"今天已经够了，有很多东西值得再想想，即使对猫而言也值得。下一次，厄尼斯特，你要带烤螃蟹来，还要多一点生菜鸡丁。"

"下一次？梅尔盖许，下一次是什么意思？难道我还没有弥补过错吗？"

"也许有，也许没有。我告诉你了，你一下让我想的东西太多，我要走了。"

厄尼斯特靠回椅背。他也筋疲力竭，耗尽耐心。他从没有任何一次治疗像这样耗费心神，现在却似乎只是白费力气！厄尼斯特看着梅尔盖许蹒跚地走出去，喃喃自语说："去吧！去吧！"接着又加上他母亲常挂在嘴上的那句意第绪语："Geh Gesunter Heit"。

梅尔盖许听到这句话，突然停步回身："我听到了，我可以看穿你的心思。"

糟了，厄尼斯特想道，不过他依然昂头面对回身走进来的梅尔盖许。

"是的，我听到了，我听到你说：Geh Gesunter Heit，也知道那是什么意思。你不知道我的德文说得很好吗？你祝福我，虽然你没有想到我竟会听到，依然祝福我健康。我很感动，非常感动。

我知道我让你经历了怎样的考验，我知道你多么希望解放这个女人，不只是为她之故，也为了你自己。虽然你耗尽心力，依然不知道你是否已经弥补了过失，然而你还是很有风度、很大度地祝我健康。这是我历来收到的最慷慨的礼物。再见，我的朋友。"

"再见，梅尔盖许。"厄尼斯特看着梅尔盖许举步离去，如今比较有精神，步履也更像猫那般优雅。厄尼斯特想道：这是我的想象，还是梅尔盖许真的缩小了许多？

"或许我们还会再见面，"梅尔盖许边朝外走边说，"我正考虑定居加州。"

"没问题，"厄尼斯特在它身后喊道，"你在这里可以享尽美食，烤螃蟹，还有生菜鸡丁——每天晚上。"

又是一片黑暗。厄尼斯特看到的下一幕是天边一抹微红。现在我可知道什么叫作"一夜苦工"了，他边想边由床上坐起来，伸个懒腰，端详熟睡的阿提米丝。他很确定梅尔盖许会离开梦境，但诅咒的其他部分呢？完全没有讨论到。有几分钟，厄尼斯特想到和一个如狼似虎性饥渴的女性有所牵扯会是什么样的景况，他悄悄起身，穿好衣服下楼。

阿提米丝听到他的脚步声，喊道："厄尼斯特，不！一切有了改变。我自由了，我知道，我感觉到了。请你别走，你不需要离开。"

"我去买早餐马上回来，等我十分钟。"他从前面喊道，"我好想吃五谷犹太面包配奶油奶酪，昨天我看到街上有家店在卖。"

他才打开车门，就听到卧房的窗打开了，阿提米丝唤道："厄尼斯特，厄尼斯特，记得，我吃素，不要奶酪，你能不能买——"

"我知道，梨。已经记下来了。"

后　　记

我在本书中试图扮演叙事者和教师两种角色，在两种角色冲突之际，我会先顾及故事的戏剧性，再穿插间接的言辞，满足教育的任务。

愿意更进一步参与讨论的读者可上网，网址为 www.yalom. com，我将提供相关的专业文献，并讨论这六个故事的技术层面：病人信息的秘密、小说和非小说之间的界限、治疗的医患关系、着重此时此地、漠视传统的精神治疗技巧、治疗师的透明度、实体论的治疗法以及丧失亲人后心理发展的过程。